大人の算数トレーニング
つるかめ算を覚えてますか?

赤尾芳男

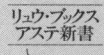

はじめに

「算数はおもしろいですか」

こう質問すると、多くの人たちは「NO」と返事をされるのではないでしょうか。なかには「算数と聞いただけで虫酸が走る」という人もいることでしょう。小学生のときのテストや受験勉強で苦い経験をしたことを思い出されるからかもしれません。

だからといって、現代の小学生たちもそうなのかというと、実はそうではないのです。

文部科学省が行なった調査によると、小学生の「おもしろくて好きな科目」のベスト3は、図工、体育、算数で、国語や社会、理科よりも算数のほうが好まれているのです。

そのもっとも大きな理由のひとつは、「算数は答えがはっきりと決まっていて、きちっとしているから」ということでした。

これは、子ども心ながら算数の本質をよくとらえています。算数は、誰が、いつ、どこで解いても、同じ問題には同じ答えが出ます。あなたと友人、昔の人と今の人、日本人と外国人、誰でも同じ答えに行きつきます。あいまいさがなくて、明快なのです。

算数の持つ単純明快さ。それこそが、算数の一番のおもしろさ、楽しさなのです。

そして、この算数を解くおもしろさを裏づけるかのように、近年、子どもだけでなく、社会人の間でも算数を好んで勉強する人が増えてきています。中学受験生の親やビジネスマン層にとどまらず、生涯教育と位置づける高齢者や、算数アレルギーが根強いとされる若い女性たちにも広がっています。

算数は、問題をちゃんと理解して解けば、必ず結果が得られる学習です。しかも、正解はただひとつ。この明快さが、なにごともうやむやに処理されてしまうことの多い現代社会において、大きな魅力となっているのかもしれません。

加えて、こうした社会人の算数志向の背景について、専門家は「学力低下や数学的思考力欠如の懸念(けねん)が子どもを持つ親や社会全体に広がり、改めて算数・数学の論理的な考え方が見直されてきた」と分析しています。また、「記憶力減退など脳機能低下を防止するには計算力が有効なため、脳の鍛錬(たんれん)に算数が注目されてきた」とも推測しています。いずれにせよ、算数学習を楽しむ人が多くなっているのです。

本書は、名門国立・私立中学受験問題に多く出題され、小学生高学年が習う算数のなかでも、とりわけ難解かつ解くおもしろさがあるといわれる「特殊算」と呼ばれる算数文章題を集め、その解き方を説いたものです。

〈基礎問題編〉と〈実力問題編〉の2つのPARTに分けて構成。基礎問題編では、初歩的な例題・練習問題から、その問題を読み解く方法をわかりやすく解説した内容としました。また、実力問題編では、基礎問題を発展させた中学入試レベルのやや難易度の高い問題を出題、その問題の解答を詳述した問題集としました。

特殊算のほとんどは、中学校で習う数学の方程式を用いればとても簡単に解けます。しかし、小学校の算数には方程式は出てきません。したがって、すべて小学校算数の方法で解く内容になっています。

小学校算数の特徴は、図および数の四則演算（足し算、引き算、掛け算、割り算）だけしか使えないという、かぎられた計算方法で解かなければならないところにあります。数学（代数）をマスターしている人からすれば、なんとも歯がゆい思いで問題を解くことになるわけですが、反面、小学校で学ぶ四則演算を知らない人はまずいませんから、誰でも無理なく問題に挑戦できます。それもまた、算数の長所といってよいでしょう。

各文章題は、いろいろな算数のきまりや計算を応用して作られています。どのようなきまりにあてはめ、どのように考えていけばいいのか、「脳力」をフルに稼働して問題にチャレンジしてください。

大人の
算数トレーニング
◆ CONTENTS

Part 1

基礎問題編
問題を読み解く力をつける

つるかめ算	10
旅人算	15
流水算	20
通過算	25
仕事算	30
和差算	35
差集め算	40
平均算	45
植木算	49
年齢算	53
分配算	58
倍数算	63
相当算	69
のべ算	74

周期算	79
過不足算	85
還元算	90
ニュートン算	94

Part 2

実力問題編
ハイレベル問題にチャレンジ

つるかめ算	101,103,133,139,141, 185,189,203,205,207,235,237
旅人算	159,161,195,225
流水算	163,165
通過算	211
仕事算	111,113
和差算	137,187,191
差集め算	123,125,127,143
平均算	105,107,109,129,131,147
植木算	167,169,171
年齢算	177
分配算	115,117,119,121,145,217
倍数算	135,239
相当算	149,151,153,155,157,193,215,221

のべ算 ……………………… 179, 181, 183, 219
周期算 ……………………… 173, 175, 223, 227, 229
過不足算 ……………………… 209
還元算 ……………………… 213
ニュートン算 ………… 197, 199, 201, 231, 233

本文イラスト＝ラスカルにしお
DTP＝タイプフェイス

大人の
算数トレーニング

PART 1

基礎問題編
問題を読み解く力をつける

つるかめ算

● 文章題の元祖

ツルとカメがいて、その合計数が10、足の総本数は28本だった。ツルは何羽、カメは何匹いるか？

このような内容に代表される算数問題が「つるかめ算」です。

つるかめ算の原型は、4世紀の中国で出版された『孫子算経』という算術書に初めて登場しています。「いま、同じかごにキジとウサギがいる。頭は○個で、足は×本である。キジとウサギはそれぞれいくつずついるか」という問題でした。

それが江戸時代に日本に伝わり、長生きでおめでたいツルとカメにつくりかえられたものです。算数の文章題といえばつるかめ算といわれるほど、この問題は有名で算数の古典として、名門私立中学や国立大学付属中学の入試問題として多く出題されています。

❖――考え方と解き方

つるかめ算を解くコツは、問題の意味をしっかりと考えることです。

では、冒頭の問題を算数の方法で考えてみましょう。

この問題では隠された条件、つまり問題文には表示されていないそれぞれの足の本数、「ツルの足は2本、カメの足は4本」を前提条件としていることに着目しなければなりません。そして、この条件のもとで、解答を考えることです。

足が2本のツルだけだとした場合と、足が4本のカメだけだとした場合の足の数は、実際の足の数（28本）よりも「少ない多い」の差が出てきます。

そこで、その差を知るために、ツル、カメのどちらか一方だけだったら、どれだけ少なくなるか、またはどれだけ多くなるかを考えます。

・合計数10の全部がツルとした場合の足の本数は、
　2×10＝20本
・実際の足の本数は28本だから、28－20で、実際よりも8本少なくなる。
・この8本は、カメの数もツルとして数えられて、足の数が4本－2本＝2本ずつ減ったからである。
・したがって、本数の差を、ツルとカメの足の数の差で割れば、カメの数が求められる。

8本÷（4－2）本＝4
・また、このとき、ツルの数は10－4＝6

【答】ツルが6羽　カメが4匹

　合計数10を全部カメとした場合でも、同様の方法で解きます。計算を簡単に整理してまとめると、

全部カメの足の本数　　4×10＝40
実際の足の本数　　　　28本
実際の本数との差　　　40－28＝12
ツルの数　　　　　　　12÷（4－2）＝6
カメの数　　　　　　　10－6＝4

【答】ツルが6羽　カメが4匹

類　題

大人と子どもが7人バスに乗っている。バス料金は全部で1200円だった。バス料金は大人が200円、子どもが100円である。大人と子どもの数は、それぞれ何人か？

　子どもの料金（100円）をツルの足、大人の料金（200円）をカメの足、大人と子どもの人数（7人）

を頭数、全部のバス料金（1200円）を足の合計数にあてはめて考えます。

乗客の全部が大人して考えて計算すると、

全部が大人の場合の料金　　$7 \times 200 = 1400$円

実際の料金　　　　　　　　1200円

実際の料金との差　　　　　$1400 - 1200 = 200$円

子どもの数　　　　　　　　$200 \div (200-100) = 2$人

大人の数　　　　　　　　　$7 - 2 = 5$人

【答】大人が5人　子どもが2人

練習問題

（1）Aさんと上司のB課長が会社の帰りに回転寿司の店に行った。

そこで2人は100円の白皿と200円の赤皿を合わせて15枚食べ、金額は全部で2100円だった。

さて、白皿と赤皿をそれぞれ何枚食べたか？

全部赤皿だけだと考えると、

200円×15枚＝3000円

白皿を1枚とるごとに、

200円－100円＝100円

100円ずつ安くなるわけだから、

（3000円－2100円）÷（200－100円）＝9枚

9枚が白皿の枚数。

15枚－9枚＝6枚

そして、6枚が赤皿の枚数となる。

【答】白皿が9枚　赤皿が6枚

(2) その後、B課長が300円の絵皿も食べ、そして、Aさんも白皿と赤皿を追加注文した。この時点で合計25枚、金額は4500円だった。ちなみに白皿と赤皿は同じ枚数だった。

さて、B課長は絵皿を何枚食べただろうか？

条件（皿）が3種類に増えた場合は、条件を整理して基本量を2種類のつるかめ算として計算する。

白皿と赤皿の金額を平均すると、

（100円＋200円）÷2＝150円

150円と絵皿300円を基本量として、つるかめ算の解き方を応用する。

全部が白皿と赤皿だけだとすると、

150円×25枚＝3570円

絵皿を1枚とるごとに150円ずつ増えるから、

（4500円－3750円）÷（300円－150円）＝5枚

したがって、絵皿は5枚

【答】5枚

旅人算

● 速さの公式を使って考える

兄と弟が700m離れたところにいる。兄は1分間に80m、弟は1分間に60m歩く。兄と弟が向かい合って歩いたとき、2人は何分後に出会うか?

2つのものが向き合って進んだり、追いかけたりするとき、進む速さ、進む時間、進む距離をもとにして、2つのものが出会う時間や道のりなどを求める問題を「旅人算」と呼んでいます。つるかめ算とならんで、算数文章題の代表的な問題です。

❖──考え方と解き方

問題文の条件をまとめてみましょう。

(1) 兄と弟は700m離れている
(2) 兄は1分間で80m、弟は1分間で60m進む
(3) 2人は同時に向かい合って進む

この条件から、まず2人が1分間に歩いた距離を考えます。

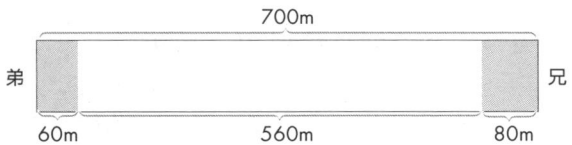

図のように、1分間に兄は80m近づき、弟は60m近づくから、80＋60＝140で、1分間におたがいに近づく距離は140mになります。

　1分間に140mずつ近づくのだから、700mでは、700÷140で、出会うまでの時間を求めることができます。

　この解き方は、［速さ＝距離÷時間］・［時間＝距離÷速さ］という算数の基本公式にあてはまります。

　そして問題では、次の計算式で表わすことができます。

　出会うまでの時間＝離れている距離÷2人の速さの和

　したがって、700÷（80＋60）＝700÷140＝5分

【答】5分後

類 題

　家から2km先を歩いている妹を、姉が自転車で追いかけた。1分間の速さは、姉が毎分280m、妹は毎分80mだった。

　姉が出発してから妹に追いつくのは何分後か？

　先の問題のように、まず2人が1分間に進んだ距離

を考えます。

最初に2000mだった2人の距離のへだたりは、1分たつと、姉は（280−80）m追いついて、1800mになる。

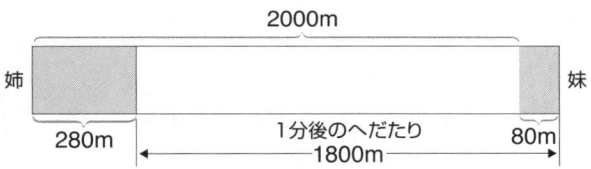

1分間に200mずつ追いつくから、2000÷200（分）で、姉は妹に追いつくと考えることができる。

280−80＝200m……1分間に追いつく距離

2000÷200＝10分

【答】10分後

練 習 問 題

（1）ミサイルAが秒速240mの速度で発射されたとする。

これに対して、80km離れた基地から同時に、ミサイルBが秒速160mの速さで迎撃発射された。

ミサイルBがミサイルAを迎撃するのは、発射してから何分何秒後か？

ただし、ミサイルには飛ぶ角度による時間のズレはないものとする。

　A、B2つのミサイルが、1秒間にどれだけ距離が近づくかを考えると、
　240m＋160m＝400m
　1秒間に400mずつ近づく。
　ミサイルBがミサイルAを迎撃するまでの時間は、前述した［時間＝距離÷速さ］の公式を使って求められる。
　80km＝80000mだから、
　80000m÷400m＝200秒＝3分20秒
　3分20秒後に迎撃する。

【答】 3分20秒後

(2) レーサー2人が、1周8.5kmのサーキットをレーシングカーで同時にスタートした。1人は時速150km、もう1人は120kmの速さで走っている。
　5分後、2人の差は何kmになっているだろう？

　時速150kmは、分速になおすと、
　150000m÷60分＝2500m
　時速120kmは、分速になおすと、

120000m÷60分＝2000m

1分間で生じる2人の差は、

2500m－2000m＝500m

1分間で500mだから、5分後には、

500m×5分＝2500m＝2.5km

2.5kmの差になる

【答】 2.5km

流水算

● 旅人算と似た問題

**ある船が、20kmの距離の川を4時間で下る。同じ距離を上るのに5時間かかる。
この船の速さはどれくらいか？ また、川の流れの速さはどれくらいか？**

通称「流水算」と呼ばれ、船が川を上ったり、下ったりする場合に、船の速さや川の流れの速さから、上りの速さ、下りの速さを求めたり、上りや下りの速さから、船や川の流れの速さなどを求める問題です。

流水算は、設定している状況が多少違うだけで、考え方・解き方は「旅人算」と類似しています。

❖──考え方と解き方

川の距離と上り下りの速さの関係を考えます。

船が川の流れに乗って進むので、下りの速さは次のようになります。

下りの速さ＝船の速さ＋流れの速さ

また、船の上りの速さは、川の流れの速さに押しもどされるので、2つの速さの差となります。

上りの速さ＝船の速さ－流れの速さ

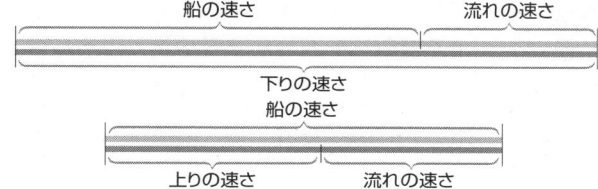

　この式は、船と流れの速さの和と差の関係を表わしています。したがって、その関係から、次の公式がつくれます。

　船の速さ＝（下りの速さ＋上りの速さ）÷ 2

　流れの速さ＝（下りの速さ－上りの速さ）÷ 2

　20kmを4時間で下ったことから、下りの速さは、20km÷4時間＝5km。同じ距離を5時間で上ったことから、上りの速さは、20km÷5時間＝4kmとなる。

　船の速さ＝（5km＋4km）÷ 2 ＝ 4.5km

　流れの速さ＝（5km－4km）÷ 2 ＝ 0.5km

【答】船の速さは時速4.5km　川の流れの速さは時速0.5km

類　題

時速2kmで流れる川がある。川の上流Ａ地から下流

のB地まで126km離れている。

時速16kmで進む船がA地からB地まで下るには、何時間かかるか？

また、B地からA地まで上るには、何時間かかるか？

先の問題で、上りと下りの速さの関係がわかったので、次のような解き方ができます。

A地からB地へ下るとき＝16＋2＝18km……下りの時速

126÷18＝7時間……下りの時間

B地からA地へ上るとき＝16－2＝14km……上りの時速

126÷14＝9時間……上りの時間

【答】下りは7時間　上りは9時間

練習問題

（1）ふつうのプールで100mを1分40秒で泳ぐことができる人が、遊園地の流れるプールで水の流れの方向に泳いだら2分55秒かかってプールを1周した。

水の流れの速さは秒速1mだった。

さて、このプールの1周は何mか？

この人がふつうのプールで泳ぐ速さは、

100m÷1分40秒（100秒）＝秒速1m

水の流れの速さが秒速1mだから、流れに乗れば、

1＋1＝2

秒速2mで進むことができる。

この速さで2分55秒（175秒）かかったのだから、プールの1周の長さは、

2×175＝350m

【答】350m

（2）距離54kmの川をボートで下流から上流へ行くと、ふだんは6時間かかる。ところが、途中でエンジンが故障して1時間動かなくなったため、7時間20分かかってしまった。この川の流れの速さはどれくらいか？

まず、ボートが川を上る速さを考える。

54kmを6時間で上るから、

54km÷6時間＝時速9km……ボートの上りの速さ

エンジンが故障した1時間は、流れの速さによって下流に押しもどされる。

その押しもどされた分を取りもどすのにかかった時間は、実際にかかった時間から、ふだんの上り時間と下流へおしもどされた時間を引いて、

7時間20分－（6時間＋1時間）＝20分

この20分で上った距離は、エンジンが故障した1時間で押しもどされた距離と等しいと考えられるから、

　9km×20分（$\frac{1}{3}$時間）＝3km……押しもどされた距離

　川の流れの速さは、3kmを1時間で押しもどしたことから、

　3÷1＝3km……川の流れの速さ（時速）

【答】時速3km

通過算

● 動くものの長さに着目する

長さが120mある電車が、秒速15mで走っている。この電車が長さ180mのホームを通り過ぎるには何秒かかるか？

電車のように長さのあるものが、ホームや鉄橋など、長さのあるものを通過したり、2つの電車がすれちがうのにかかる時間などを求める問題で、「通過算」と呼ばれています。

速さ・時間を求める他の文章題と異なる点は、動いているものの長さを考慮しなければならないことです。

❖──考え方と解き方

まず、動くもの（電車）と動かないもの（ホーム）に着目します。
（1）動くもの……120mの電車
（2）動かないもの……180mのホーム

そして、電車がホームを通り過ぎるということは、どのような状態なのかを考えます。

　上の図から「電車がホームを通り過ぎる」ということは、「電車の先頭部がホームにさしかかったときから、最後尾の車両の最後がホームを通過した時点」であることがわかります。電車がホームを通過するための距離は、ホームの長さだけでなく、電車の長さも含まれるからです。

電車が通過するのに進んだ距離＝ホームの長さ＋電車の長さ

　距離さえわかれば、あとは（時間＝距離÷速さ）の公式によって解くことができます。

180＋120＝300m……通過するまでに電車が進んだ距離

300÷15＝20秒

【答】20秒

類　題

長さ100m、秒速8mで走っている電車Aが、反対

方向からくる長さ150m、秒速12mの電車Bとすれちがった。

　出会ってからたがいに離れるまでに何秒かかるか？

　出会いは電車の先頭部どうしであり、離れるのは電車の最後尾どうしであることを考えます。

　すると、互いに離れるまで、AがBの長さを走り、BはAの長さを走ることがわかります。このことから、**AとBが走った距離＝Aの長さ＋Bの長さ**とわかります。

　すれちがうときに走る速さは、Aは秒速8m、Bは秒速12mだから、合わせて（8＋12）mと考えることができます。

　すれちがうときの速さ＝Aの速さ＋Bの速さ

　AとBの走った距離とそのときの速さがわかったから、時間＝距離÷速さで答が求められます。

　100＋150＝250m……出会ってから離れるまでのA、Bの走った距離

　8＋12＝20m……すれちがうときの速さ

　250÷20＝12.5秒

【答】**12.5秒**

練 習 問 題

（1）ある列車が、長さ300mの鉄橋を渡り終わるのに22秒かかった。また、同じ速さで長さ520mの鉄橋を通過し終わるのに32秒かかった。

　この列車の長さは何mか？

　300mの鉄橋では22秒、520mの鉄橋では32秒だから、

　32－22＝10秒

　10秒の差がある。

　鉄橋の長さの差は、

　520－300＝220m

　列車の速さは、

　220÷10＝22m（秒速）

　よって、列車の長さは、

　22×22－300＝484－300＝184m

【答】184m

（2）長さ90mのデモの行列がアーケードを行進した。

　行列がアーケードを入り始めてから出るまでに3分40秒かかった。また、行列がアーケードに入り終わってから先頭が出るまでに20秒かかった。

　アーケードの長さは何mか？

アーケードの長さより行列の長さ（90m）だけ多く進むのにかかる時間は、3分40秒＝220秒。

アーケードの長さより行列の長さ（90m）だけ少なく進むのにかかる時間は、20秒。

この2つの差を考えると、行列の長さの2倍（180m）を進む→220－20＝200秒。

したがって、行列の進む速さは、

180÷200＝0.9m（秒速）

アーケードの長さは、行列が20秒で進む距離より行列の長さだけ長いから、

0.9×20＋90＝18＋90＝108m

【答】108m

仕事算

● 全体の仕事量を基準にして考える

ある仕事をするのに、Aだけなら10時間、Bだけなら15時間かかる。
この仕事をA、B2人が一緒にすると、何時間で仕上げることができるか?

この問題の構造を考えると、仕事全体の量を1と仮定することで、A、Bの1時間の仕事量が表わすことができることです。つまり、全体の仕事量を基準にして、それぞれの仕事量を算出していくことがポイントになります。

全体の仕事量を1として、どれだけの時間にどれだけの仕事量ができるかや、ある仕事を仕上げるのにかかる時間・日数を求めたりする問題を「仕事算」といい、古くから算数文章題のポピュラーな1つになっています。

❖——考え方と解き方

全体の仕事量を1として、AとBが1時間にどれだけの割合の仕事ができるのかを考えます。

Aが1時間にできる仕事の量 → $1 \div 10 = \dfrac{1}{10}$

Aは 1 時間に、全体の $\frac{1}{10}$ の仕事をすると考えられます。

Bが 1 時間でできる仕事の量→ $1 \div 15 = \frac{1}{15}$

Bは 1 時間に、全体の $\frac{1}{15}$ の仕事をすると考えられます。

Aは 1 時間に $\frac{1}{10}$、Bは 1 時間に $\frac{1}{15}$ ずつ仕事をするから、2 人一緒では $\frac{1}{10} + \frac{1}{15}$ の仕事をすることになります。

$$\frac{1}{10} + \frac{1}{15} = \frac{5}{30} = \frac{1}{6}$$

1（全体）の仕事を仕上げるためには $\frac{1}{6}$ が 6 回必要であることから、したがって、A、B 2 人がかかる時間は、$1 \div \frac{1}{6} = 6$ 時間。

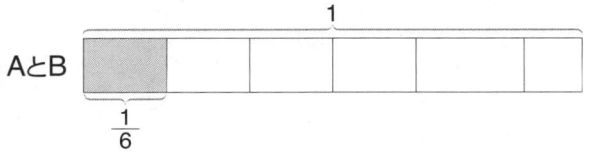

【答】6 時間

類 題

ある仕事をするのに、Ａ１人では6日、Ｂ１人では8日かかる。

この仕事を2人で2日間やり、その後をＡ１人ですると、最初から何日目に仕上がるか？

A、B2人でした仕事量の残りを求め、Aだけではあと何日かかるか考えます。

A、B2人でした1日の仕事量 $= \dfrac{1}{6} + \dfrac{1}{8} = \dfrac{7}{24}$

2日間では、この2倍、$\dfrac{7}{24} \times 2 = \dfrac{14}{24} = \dfrac{7}{12}$ することになり、残りの仕事量は、$1 - \dfrac{7}{12} = \dfrac{5}{12}$

これをAの1日の仕事量で割れば、Aが仕事にかかった日数が求められます。

$\dfrac{5}{12} \div \dfrac{1}{6} = \dfrac{30}{12} = \dfrac{5}{2} = 2.5$ 日

2日と半日（次の日になる）＝ 3日だから、これに2人でした2日を加えると、

2 + 3 = 5 日

【答】5日目

練 習 問 題

（1）レンガ積みの工事がある。A、B2人ですると6時間、A、Cが2人ですると4時間、A、B、Cが3人ですると3時間で完成する。

では、A1人ですると何時間で完成するだろうか？

A、B2人でしたときの1時間の仕事量 $= \dfrac{1}{6}$

A、C2人でしたときの1時間の仕事量 $= \dfrac{1}{4}$

A、B、C3人でしたときの1時間の仕事量 $= \dfrac{1}{3}$

よって、A1人でしたときの1時間の仕事量は、

$\left(\dfrac{1}{6} + \dfrac{1}{4} \right) - \dfrac{1}{3} = \dfrac{5}{12} - \dfrac{4}{12} = \dfrac{1}{12}$

$1 \div \dfrac{1}{12} = 12$時間

【答】12時間

（2）水槽に水を満杯にするのに、Aの水道管では4分、Bの水道管では6分かかる。

最初にAの水道管で水を入れ、2分後にBの水道管でも水を入れた。

初めからどのくらいの時間で、水槽の水は満杯になるか？

水槽の容積を1として1分間に入る水の量を求める。

Aの水道管で入る1分間の水の量 $=\dfrac{1}{4}$

Bの水道管で入る1分間の水の量 $=\dfrac{1}{6}$

Aの水道管は2分間で $\dfrac{1}{4}\times 2=\dfrac{1}{2}$ 入り、残りは、

$1-\dfrac{1}{2}=\dfrac{1}{2}$

A、Bの水道管2つ合わせて1分間に入る水の量は、

$\dfrac{1}{4}+\dfrac{1}{6}=\dfrac{5}{12}$

2つの水道管では、

$\dfrac{1}{2}\div\dfrac{5}{12}=\dfrac{6}{5}=1.2$

これが2分後だから、

2+1.2=3.2分

【答】 3分12秒

和差算

● 和と差を使って解く

長さ2mのリボンがある。このリボンを姉と妹の2人で分けたいが、姉のほうが妹よりも40cm長くなるようにしたい。
姉と妹のそれぞれの長さは何cmになるか？

2つ以上の数量の和と差から、それぞれの数量を求める問題を「和差算」といいます。和を表わす数量と差を表わす数量が登場するのが、この問題の特徴です。

❖──考え方と解き方

リボンの長さが40cm違うように2人が分けたとして、妹の長さに差の40cmを足すと、姉の長さと同じになります。

姉		
妹	差 40cm	和 200cm

和（姉の長さ＋妹の長さ）＋差＝姉の長さ×2

　和は、姉と妹の長さを足した全体の長さで200cm、差は40cm。したがって、姉のリボンの長さは、次の式で求めることができます。

　（和＋差）÷2＝姉の長さ
　（200＋40）÷2＝120cm

　姉の長さから、差の40cmを引くと妹の長さになります。

　120－40＝80cm

【答】姉が120cm　妹が80cm

　　　　　　　　　類　題

　周囲1.8mの長方形がある。長方形の横の長さは、縦よりも20cm長くなっている。

　縦、横の長さはそれぞれ何cmだろうか？

　周囲の長さが1.8m（180cm）だから、縦と横の長さの和は、180÷2＝90cm。

　図で表わすと、次のようになります。

横の長い部分20cmを除いて考えると、90 − 20（cm）は縦の長さの2倍にあたります。

縦＋横＝（縦＋20cm）＋縦＝90cm

縦＋横＝90cm　縦＋（横−20）＝90−20＝70cm

この式から縦と横の長さを求めることができます。

70÷2＝35cm……縦

横は縦より20cm長いから、35＋20＝55cm……横

【答】縦が35cm　横が55cm

練 習 問 題

（1）ある会社の営業部は140人、総務部は80人だった。営業部から総務部に何人移ると、営業部の人数が総務部の人数より12人多くなるか？

この問題は、問題文に隠された数量を見つけて考えるのがポイント。

問題には、それが2つある。

（1）営業部に140人、総務部に80人いる→営業部と総務部の人数の和＝220人

この和は営業部から総務部に何人移っても変わらない。

（2）営業部の人数は、総務部より12人多い→両部の人数の差＝12人

この数量から、問題を次のように言い換えることができる。

営業部と総務部の人の和は220人、その差は12である。営業部は、いま何人いるか？

営業部と総務部の合計人数は、

140＋80＝220人

何人か総務部に移った後の営業部の人数は、

（220＋12）÷2＝116人

総務部に移った人数は、

140－116＝24人

【答】24人

(2) 野球の試合で、投手の奪三振の数と四球の数と打たれたヒットの数は、三振と四球を合わせると18、四球とヒットを合わせると13、ヒットと三振を合わせると19だった。

さて、三振、四球、ヒットの数はそれぞれいくつだったか？

条件の数量をすべて足すと、
18＋13＋19＝50

これは、三振と四球とヒットの数の和の2倍にあたるから、三振と四球とヒットの数の和は25。

　三振＋四球　　　　　　＝18
　　　　四球＋ヒット　　＝13
　三振　　　＋ヒット　　＝19
　（三振＋四球＋ヒット）×2＝50→三振＋四球＋ヒット＝25

　よって、三振の数は、
　25－13＝12個
　四球の数は、
　25－19＝6個
　ヒットの数は、
　25－18＝7本

【答】三振12個　四球6個　ヒット7本

差集め算

●差の集まりを見つけて解く

**1本80円のボールペンと、1冊150円のノートを、それぞれ同じ数を買った。
ボールペンとノートの代金の差が420円だった。
それぞれいくつずつ買ったか?**

それぞれ1つの差を求めて、この差で全体の差を割って、個数を求める問題です。

1つずつの差がいくつか集まって、全体の差になることを基本に考える算数で、差の集まりを見つけて解くことから「差集め算」の名がつけられています。

❖──考え方と解き方

まず、ボールペンとノートの1つ分の差を考えます。

その差は、150 − 80 = 70円

そして、全体では420円の差となります。

このことから、全体の差を1つ分の差で割れば、それぞれの個数が求められます。

```
┌─────────────420─────────────┐
├─70─┤
```

全体の差÷1つ分の差＝個数
$420 \div 70 = 6$

【答】ボールペン6本　ノート6冊

類 題

1個150円のケーキをいくつか買おうとしたところ、予定していた数の$\frac{2}{5}$しかなく、そこで足りない分を200円のケーキにしたので、予定の金額より300円オーバーしてしまった。

ケーキを全部で何個買ったか？

まず、200円のケーキを何個買ったかを考えます。

ケーキ1個分の差、$200 - 150 = 50$円が、全体で300円となります。

したがって、200円のケーキの個数は、$300 \div 50 = 6$個。

この個数が全体の$\frac{3}{5}$に相当することから、（全体）$\times \frac{3}{5} = 6$という式が成り立ち、この式より全

体の個数を求めることができます。

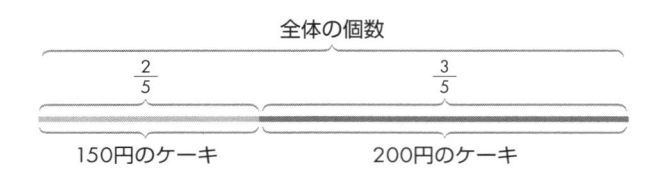

全体の個数
| $\frac{2}{5}$ | $\frac{3}{5}$ |
| 150円のケーキ | 200円のケーキ |

（全体）× $\frac{3}{5}$ = 6

$6 ÷ \frac{3}{5} = 30 ÷ 3 = 10$ 個

【答】10個

練 習 問 題

（1）学校の同窓生が20人集まって焼肉パーティーをすることになった。

ところが、当日に4人の同窓生がさらに参加したので、1人当たりの肉の量が40g減ってしまった。

さて、パーティーに用意した肉は何kgだっただろう？

まず、同窓生が4人増えることによって、最初の20人の減る肉の合計量を考える。

その量は、

40 g×20人＝800 g

この量が新たに参加した4人分の肉になるから、減った後の1人分の肉の量は、

800 g÷4人＝200 g

よって用意した肉の量は、

200 g×（20人＋4人）＝4800 g＝4.8 kg

【答】 4.8 kg

（2）夫婦が温泉旅行でみやげ物屋に行き、夫は1本1400円の地酒を、妻は1箱1800円の漬物をそれぞれいくつか買った。

買った数は夫のほうが2つ多く、代金は妻のほうが400円多かった。

2人の使ったおみやげ代は、それぞれいくらだったか？

妻の買った数を、夫の買った数にそろえて考える。

妻の買った数を2つ増やすと、2人の買い物代金の差は、

1800円×2＋400円＝4000円

品物1つ分の代金の差は、

1800円－1400円＝400円

そろえた品物の数、つまり夫の買った数は、

4000円÷400円＝10
このことより、夫の買い物代金は、
1400円×10＝14000円
妻の買い物代金は、
14000円＋400円＝14400円

【答】夫が14000円　妻が14400円

平均算

●平均の考えを使って解く

A、B、Cの3人の体重を測ったら、Aは60.8kgで、BはAより2.6kg重く、CはBより1.6kg軽かった。この3人の体重の平均は何kgか?

「平均算」と呼ばれている文章題です。

大きさの違ういくつかの数量から、その平均を求めたり、反対に、平均から、ある数量を求めたりするもので、高度になると、複数の平均が人数の割合などとともからみ合うなどする問題です。

単に数量の平均を求める算数ではないのが、この問題の難しいところといえますが、どの問題の解き方も［平均＝全体の和÷個数］という定理が基本になりますから、この定理をつねに頭において考えることが大切です。

❖——考え方と解き方

3人の体重の平均は、どのようにして求めるかを考えます。その平均は、(Aの体重＋Bの体重＋Cの体重)÷3で求めることができます。

体重がはっきりわかっているのは、A1人だけです。

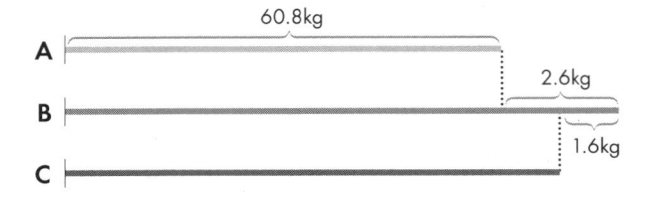

そこで、残りの2人の体重に関する条件を整理すると、
(1) BはAより2.6kg重い
　　Bの体重 = Aの体重 + 2.6kg
(2) CはBより1.6kg軽い
　　Cの体重 = Bの体重 − 1.6kg
このことから、BとCの体重が求められます。
60.8 + 2.6 = 63.4 kg……Bの体重
63.4 − 1.6 = 61.8 kg……Cの体重
平均を求める定理で計算すると、
(60.8 + 63.4 + 61.8) ÷ 3 = 62kg

【答】62kg

類 題

4回のテストで、1回目は86点、2回目82点、3回目が90点で、4回全部の平均点は88点だった。
4回目には何点の成績だったか？

この問題も、平均を求める定理にあてはめて考えます。

テストの回数と、その平均点がわかっているので、4回目の点数を□として算出します。

$(86+82+90+□) ÷ 4 = 88$

上の式から、□を求めればよいとわかります。

$(86+82+90+□) ÷ 4 = 88$

$86+82+90+□ = 88×4$ ……点数の和

$□ = 88×4 - (86+82+90)$

$□ = 352 - 258 = 94$

【答】94点

練 習 問 題

（1）全長240kmの高速道路をスポーツカーで、行きは時速80km、帰りは時速120kmで飛ばした。

往復を平均時速何kmで走ったか？

平均の速さは、次のようにして求める。

平均の速さ＝全体の距離÷かかった時間

往復の距離は、

240km×2 ＝480km

行きにかかった時間は、

240km÷80km＝3時間

帰りにかかった時間は、
240km÷120km＝2時間
往復の時間は、
3時間＋2時間＝5時間
よって平均時速は、
480km÷5時間＝96km

【答】96km

（2）4人の女性がバストを測ったら、その平均が86cmだった。

そこにもう1人女性が入って測ったら、平均が0.6cm小さくなった。

5人目の女性のバストは何cmだったか？

最初の4人のバストの合計は、
86cm×4＝344cm
あとで1人が加わった5人のバストの合計は、
（86cm－0.6cm）×5＝427cm
5人の合計と4人の合計の差が、5人目の女性のバストの大きさになる。
427cm－344cm＝83cm

【答】83cm

植木算

●知名度の高い文章問題

長さ150mの道路がある。この道路の端から端まで6mおきに木を植えることにした。
何本の木が必要だろうか？

「植木算」は、等間隔に並べられたものの数や、その間隔、全体の長さの3つの関係をもとにして、わかっている2つの条件から、ほかの1つを求める問題です。

すでに明治時代の算術の文献に見られ、数ある特殊算のなかで1、2を争うほど知名度が高く、また、クラシカルな文章題として知られています。

❖──考え方と解き方

全体の長さが150mで、6mおきに木を植えるのだから、150÷6＝25。

25本でいいように思えます。これは早合点で、よく間違う例です。

人間の指を見てみましょう。

指は5本ありますが、指と指の間隔は4箇所です。指を木にたとえると、木の数は、間隔の数より1本多いことがわかります。

道路全体の長さを考えると、端から端まで植える木の数と間隔の数の関係には、**木の数＝間隔の数＋1**のきまりがあることを見つけられます。

したがって、150÷6＝25……間隔の数

25＋1＝26……端から端まで植える木の数

【答】26本

類　題

480m離れた2本の桜の木の間に15本の桜の木を植え、さらに桜と桜の木の間に4本ずつ梅の木を等間隔に植えたい。

梅の木と木の間隔をどのようにとればよいか？

480mの両端の2本の桜の間に、15本の桜があるので、全体の桜の本数は、

15＋2＝17本。

桜の本数＝間隔の数＋1だから、

間隔の数＝桜の本数－1＝17－1＝16個。

桜と桜の間に4本の梅を植えるということは、両端の桜2本と梅の4本で、

2＋4＝6本となります。

よって、間隔の数＝桜と梅の本数－1＝6－1＝

5本から、各間隔の距離が求められます。

480÷16＝30m……桜と桜の間隔

30÷5＝6m……梅と梅の間隔

【答】6m

練 習 問 題

（1）80mハードル競争で選手が走った。ハードルは10mごとに置いてある。

選手が完走すると、全部でいくつのハードルを跳んだことになるか？

全体の距離が80m、ハードルの置いてある間隔が10mだから、間隔の数は、

80m÷10m＝8つ

両端、すなわちスタート地点とゴールにはハードルは置いてないので、間隔の数はハードルの数より1つ多くなる。

間隔の数＝ハードルの数＋1

ハードルの数＝間隔の数－1

8－1＝7つ

【答】7つ

（2）長さ7.5mの鉄棒を30cmずつの長さに切り分け

た。

　1回切るのに10分かかり、1回切り終わるごとに2分の休憩をした。

　全部切り終わるのにどのくらいの時間がかかったか？

　　7.5ｍの鉄棒を30cmずつ切ったときの切断回数は、

　750cm÷30cm－1回＝24回

　切断にかかった合計の時間は、

　10分×24回＝240分

　休憩の回数は、切断した回数より1回少ないから、

　24回－1回＝23回→最後の切断後には休憩はない

　休憩の合計時間は、

　2分×23回＝46分

　よって、全部切り終わるまでにかかった時間は、

　240分＋46分＝286分＝4時間46分

【答】　4時間46分

年齢算

●差が一定であること利用する

現在、父が43歳で、子どもは11歳である。父の年齢が子どもの年齢の3倍になるのは何年後だろうか？

年齢の差は、どんなに年月がたっても変わりませんが、年齢の比率は変わります。この年齢の差はいつも一定である関係を利用して、年数や年齢を求める問題を「年齢算」といいます。

難易度の高い問題では、人数が多くなったり、途中で生まれた子どもや死んでしまった親などが設定に入ってくるものもありますが、線分図を書いて年齢の差を視覚的に整理すると理解しやすい問題です。

❖──考え方と解き方

父と子の年齢差は（43−11）＝32は、何年たっても変わらず、同じです。

子どもの年齢を、基準にする量＝1として線分図で表わしてみます。

```
            ┌─────────── 43 ───────────┐
父 ┃──────┃──────┃──────┃
    ├1┤11      ┆    1         1
子 ┃──┃        └── 43－11 ──┘
    └1┘
```

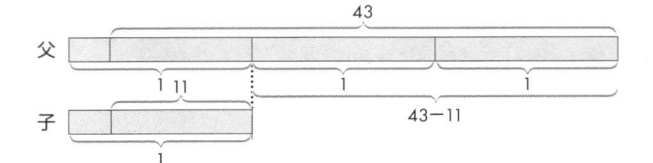

　2つの数量の差が、基準にする量の何倍になるか考えると、(3－1)倍になることがわかり、父と子の年齢差から、基準になる量（子どもの年齢）を求めることができます。

　現在、子どもは11歳なので、その年齢を基準の量から引けば、答が得られます。

43－11＝32……年齢差

32÷(3－1)＝32÷2＝16……基準になる量

16－11＝5

【答】5年後

類　題

　現在、母は36歳、娘は12歳である。

　母の年齢が娘の年齢の4倍だったのは、今から何年前か？

　考え方は先の問題と同じです。

母と娘の年齢差（36－12）＝24は、何年前であっても変わりません。線分図で表わしてみましょう。

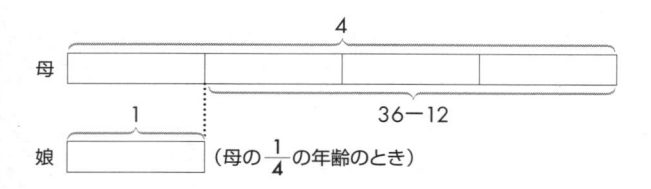

```
        ┌─────────── 4 ───────────┐
母  ┌────┬────┬────┬────┐
    │    │    │    │    │
    └────┴────┴────┴────┘
        └──── 36－12 ────┘
    ┌─1─┐
娘  ┌────┐
    │    │ （母の 1/4 の年齢のとき）
    └────┘
```

娘が母の年齢の $\frac{1}{4}$ のときの年齢を1として考えます。

母との年齢差24が、(4－1) ＝3倍の割合になり、基準になる1は8歳のときであるとわかります。

したがって、現在の娘の年齢から8を引けば、答が求められます。

36－12＝24

24÷(4－1)＝8

12－8＝4

【答】 4年前

練習問題

(1) 今年、叔父は46歳で、2人の甥は10歳と4歳である。

この2人の甥の歳を足した年齢が、ちょうど叔父の年

齢と同じになるのは、今から何年後か？　また、そのとき、叔父は何歳になっているか？

　差の変わり方に着眼して、問題の手がかりをつかむ。

　叔父と2人の甥の年齢差は、

　　46歳－（10歳＋4歳）＝32歳……今年

　　47歳－（11歳＋5歳）＝31歳……来年

　　48歳－（12歳＋6歳）＝30歳……再来年

　このように、1歳ずつ少なくなっていく。

　そこで、叔父の年齢と2人の甥の年齢が同じになったときは、差が0になったときと考えられる。

　今年の年齢の差は32歳で、1年ごとに1歳ずつ少なくなるから、差が0になるのは、

　　32歳÷1歳＝32年

　叔父の年齢は、

　　46歳＋32歳＝78歳

【答】32年後　叔父の年齢78歳

（2）ある会社の部長が24000円、課長が16000円持っている。2人とも同じ値段の腕時計を買ったので、残りの金額は課長が部長の$\frac{1}{3}$になった。

　さて、2人はいくらの腕時計を買ったか？

残りの金額が、課長が部長の$\frac{1}{3}$になったということは、課長をもとにして言い換えると、「部長が課長の3倍」ということになる。

　初めに2人が持っていた金額の差は、

　24000円－16000円＝8000円

　2人が同じ金額を使ったとき、差は変わるか変わらないか考えると、差はもとと変わらないことがわかる。

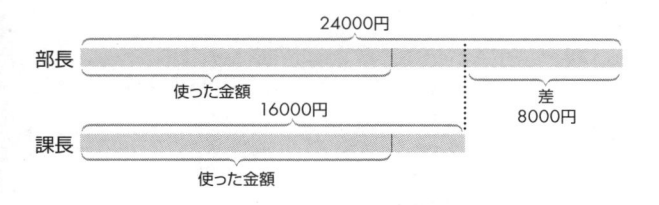

```
                        24000円
部長 ▬▬▬▬▬▬▬▬▬▬▬▬▬▬▬▬▬▬
     使った金額          16000円        差
                                       8000円
課長 ▬▬▬▬▬▬▬▬▬▬▬▬▬▬▬▬▬▬▬▬
         使った金額
```

　この差（8000円）が課長の残りの金額の2倍だから、

　8000円÷2＝4000円……課長の残り

　16000円－4000円＝12000円……腕時計の値段

【答】12000円

分配算

●基準になる数を決める

**36リットルの水をA、B2つの容器に分け、Bの容器には、Aの容器の3倍の水を入れたい。
それぞれ何リットルずつ入れればよいか?**

「分配算」は、ある数量をいくつかに分けるとき、その差や割合などをもとにして、それぞれの数量を求める問題です。

この問題では、どの数を基準にするかがポイント。基準になる数を決めて、線分図で表わすと解きやすくなります。

❖──考え方と解き方

基準にする量(=1にする量)を決めて、線分図で表わしてみましょう。

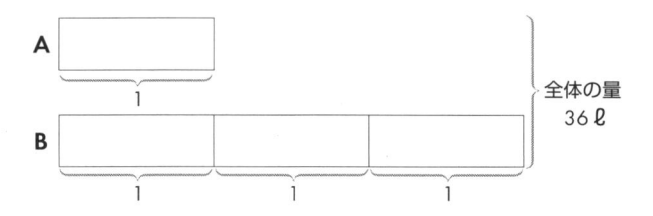

図のように、Aを基準にする量とすると、全体の水の量はAの容器に入れたときの（1＋3）倍になっていることがわかります。

　したがって、水の量（36リットル）で割れば、Aの容器の量が求められます。

　36÷（3＋1）＝9リットル……Aの容器の量
　36－9＝27リットル……Bの容器の量

【答】Aの容器が9リットル　Bの容器が27リットル

類　題

　兄の持っているコインの数は、弟の3倍で、弟より14枚多いという。

　さて、2人はコインをそれぞれ何枚ずつ持っているか？

　弟のコインの枚数を基準（＝1）にして図に表わすと、次のようになります。

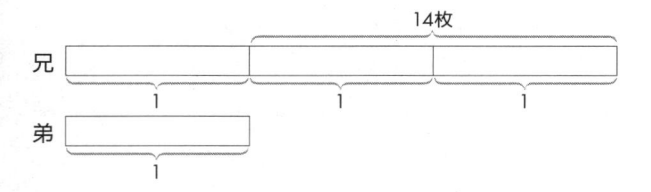

すると、問題に隠されていた「14枚は、弟の持っている枚数の2倍」ということがわかります。

このことから、

14÷（3－1）＝7枚……弟の枚数

兄は弟の3倍だから、

7×3＝21枚……兄の枚数

【答】兄は21枚　弟は7枚

練 習 問 題

（1）代議士とその秘書が1.8ℓ入りの生ビールを飲むことにした。

代議士はあまり飲めないので、秘書のジョッキに自分の2倍より0.6ℓ少なく入れた。

さて、代議士と秘書のジョッキの中には、それぞれ何ℓの生ビールが入っている？

代議士の量を基準（＝1）として、線分図で表わす。

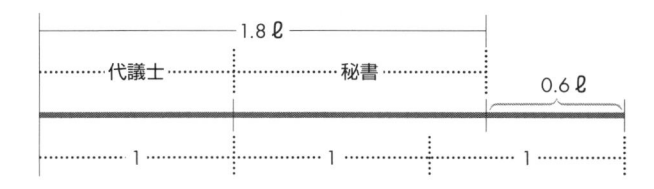

秘書の量は、代議士の量の2倍より0.6ℓ少ない。
(1.8＋0.6)ℓは、代議士の3倍にあたるから、
代議士の量は、
(1.8＋0.6)ℓ÷3＝0.8ℓ
秘書の量は、
1.8ℓ－0.8ℓ＝1ℓ

【答】代議士0.8ℓ　秘書1ℓ

(2) 陸上競技の選手が、三段跳びで規定の3回を跳んだ。

　記録は2回目より1回目のほうが40cm短く、3回目より2回目のほうが22cm長かった。そして、3回の合計は25m60cmだった。

　3回目の記録は何m何cmだったか？

　それぞれの量が適当な基準量に等しくなるように、全体量を加減して解く。

　1回目を、

40cm－22cm＝18cm

18cm増やし、2回目を22cm減らせば、それぞれ3回目の記録と等しくなる。

　このとき、合計は、

		40cm
1回目		
2回目		22cm
3回目		

25m60cm＋18cm－22cm＝25m56cm

25m56cmとなり、これが3回目の記録の3倍を示すから、

3回目の記録は、

25m56cm÷3＝8m52cm

【答】 8m52cm

倍数算

● 割合の関係を見つけて解く

> Aは950円、Bは750円持っている。2人とも同じ値段の雑誌を買ったら、Aの残りの金額はBの残りの金額の3倍になった。A、Bの残りの金額はいくらか? また、雑誌の値段はいくらか?

2つ数量が、増えたり減ったりして、一方が他方の何倍かになっているとき、はじめの数量や変化した後の数量を求める問題です。倍数関係から、数量を求めることから「倍数算」と呼ばれています。

問題の中に「AはBの○倍」というように示されているのが、倍数算の特徴です。

これによって、2つの数量の割合を示しています。

割合の関係を見つけ、その割合のもとになるはどれかを明らかにして、それを1とおいて考えることが、解決の糸口になります。

❖——考え方と解き方

同じ値段のものを買えば、AとBの残金の差はいつも同じです。つまり、雑誌の値段がいくらだとしても、2人の金額の差は変わりません。

この関係を、線分図にして表わしてみましょう。

```
           950円
A ┌──────────────────┬──┬──┬──┐
                     └─────────┘
                         3
        750円
B ┌──────────────┬──┐
                 └──┘
                  1
```

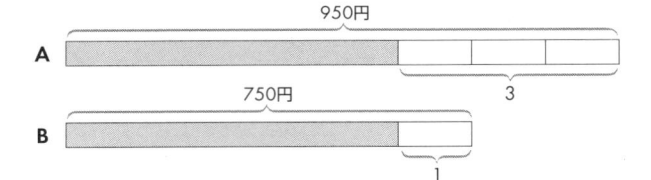

　Bの残金を1とすると、Aの残金は3で、AとBの差は（3－1）になります。

　この差が（950－750）円ですから、

（950－750）円÷2＝100円……Bの残金

　Aの残金はBの3倍だから、

100円×3＝300円……Aの残金

　雑誌の値段は、A、Bの残金から求めると、

950円－300円＝650円

750円－100円＝650円

【答】 Aが300円　Bが100円　雑誌の値段が650円

類　題

　兄は2500円、弟が1850円持っている。父から同額の小遣いをもらったので、兄と弟の金額の割合が6：5になった。

　兄、弟が父からもらった小遣いは、1人分いくらだったか？

もらった小遣いは同額だから、図に表わすと次のようになります。

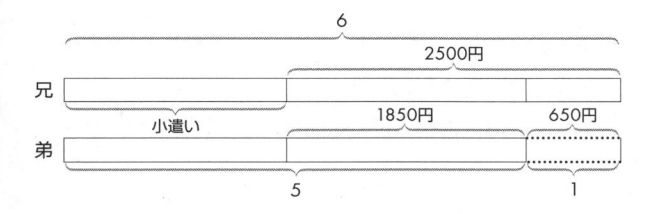

```
                    6
            ┌───────────────┐
                    2500円
兄  ┌──────┬─────────┬─────┐
    │小遣い │ 1850円  │650円│
弟  └──────┴─────────┴─────┘
                5        1
```

2人の金額の差は、2500－1850＝650円となり、割合の差は（6－5）＝1となります。

したがって、割合の1に相当する金額が650円ということです。

これより、小遣いをもらった後の兄の所持金は、6×650＝3900円となり、この金額から最初の所持金を引くと、もらった金額を求めるもとができます。

2500－1850＝650円……2人の金額の差

6－5＝1……割合の差

6×650＝3900円……小遣いをもらった後の兄の所持金

3900－2500＝1400円……小遣いの金額

【答】1400円

練 習 問 題

(1) AさんとBさんは、どちらも同じ金額を持っていた。

ところが、パチンコでAさんは8500円儲け、Bさんは3200円負けてしまったので、Aさんの金額はBさんの4倍になった。

はじめに2人が持っていた金額はいくらだったか？

AさんとBさんの関係を図に表わして、2人の金額の差がBさんの金額の何倍にあたるかを考える。

AさんとBさんの金額の差は、

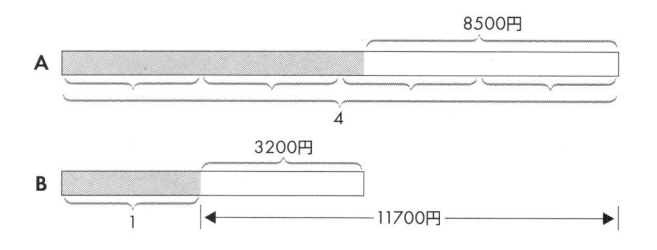

8500円＋3200円＝11700円

この差が（4－1）＝3倍にあたるから、

Bさんの残りの金額は、

11700円÷3＝3900円

はじめに持っていた金額は、

3200円＋3900円＝7100円

【答】7100円

（2）ある会社の先輩、後輩の2人の所持金の割合は5：6だった。いま、先輩が後輩から貸していたお金3000円を返してもらったので、所持金の割合が5：4になった。

はじめ先輩はいくら持っていたか？

所持金の割合は、はじめ5：6で、あとに5：4になった。割合は変わったが、2人の間だけでお金のやりとりをしたので、2人の所持金の和は変わっていない。

先輩の所持金は、はじめ2人の所持金の和の $\frac{5}{5+6} = \frac{5}{11}$ で、返金後は、$\frac{5}{5+4} = \frac{5}{9}$

先輩の所持金は、$\frac{5}{9} - \frac{5}{11}$ に増えたわけで、これが3000円に当たると考えられる。

このことから、はじめの先輩の所持金の割合は、

$\frac{5}{5+6} = \frac{5}{11}$

返金後の先輩の所持金の割合は、

$\frac{5}{5+4} = \frac{5}{9}$

2人の合計所持金は、

3000円÷($\frac{5}{9}-\frac{5}{11}$)

3000円÷$\frac{10}{99}$＝29700円

はじめの先輩の所持金は、

29700円×$\frac{5}{11}$＝13500円

【答】13500円

相当算

●割合の基準量を求める

Aさんは持っていたお金の $\frac{1}{4}$ で映画を観て、その残りの $\frac{2}{5}$ で食事をしたら、2700円残った。最初にAさんが持っていた金額はいくらか？

先の倍数算と同じく割合に関する問題です。

割合に関する問題において、考え方の基本となるのは［割合の3公式］と呼ばれるものです。

●割合の3公式

①数量の割合＝比べる量÷基準の量

②比べる量＝基準の量×数量の割合

③基準の量＝比べる量÷数量の割合

この公式を使って、基準となる数量を求める問題を「相当算」といいます。

相当算は、全体を1として考え、その割合を1に対する割合になおして、公式にあてはめて算出するのがポイントです。

❖――考え方と解き方

この問題の基準となる数量とは、Aさんが最初に持っていた金額です。

それをもとにしたときの残りの金額＝2700円の割合を求めます。

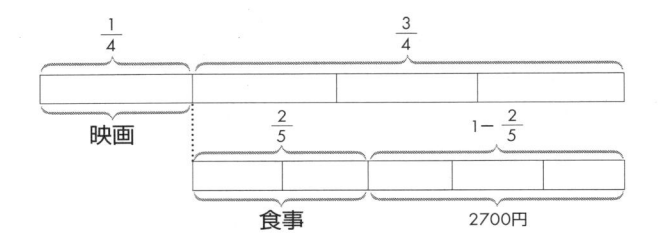

```
    1/4              3/4
┌──────┬──────────────────────┐
│      │          │           │
└──────┴──────────────────────┘
  映画      2/5        1-2/5
         ┌──────┬───────────────┐
         │      │       │       │
         └──────┴───────────────┘
           食事          2700円
```

最初の所持金を1とすると、映画に使った残りの金額の割合は、

$1 - \dfrac{1}{4} = \dfrac{3}{4}$ です。

そして、この $\dfrac{3}{4}$ の $\dfrac{2}{5}$ を食事に使ったのだから、食事代の残りの金額は、

$\dfrac{3}{4}$ の $\left(1 - \dfrac{2}{5}\right)$ になります。

つまり、$\left(1 - \dfrac{1}{4}\right) \times \left(1 - \dfrac{2}{5}\right) = \dfrac{9}{20}$ で、残りの2700円は最初の金額の $\dfrac{9}{20}$ に相当します。

割合が $\dfrac{9}{20}$、割合に相当する量が2700円。

したがって、基準となる量（最初の金額）は、

2700円 ÷ $\dfrac{9}{20}$ ＝ 6000円

【答】**6000円**

類 題

ある人がミステリー小説を、1日目には全体の $\frac{1}{6}$、2日目には全体の $\frac{1}{4}$ を読んだが、まだ140ページ残っている。

この小説は、全部で何ページあるか?

全体のページを1と考えます。

すると、1日目と2日目に読んだページの割合は、

$$\frac{1}{6} + \frac{1}{4} = \frac{5}{12}$$

全体の1から、読んだページの割合を引くと、$1 - \frac{5}{12} = \frac{7}{12}$ となり、この $\frac{7}{12}$ が、残りの140ページであることがわかります。

以上のことをまとめると、

$\frac{1}{6} + \frac{1}{4} = \frac{5}{12}$ …2日間で読んだページの割合

$1 - \frac{5}{12} = \frac{7}{12}$ …残りのページの割合

$140 \div \frac{7}{12} = 1680 \div 7 = 240$ ページ

【答】240ページ

練 習 問 題

(1) ある新入社員が、初めてもらったボーナスの半分を貯金した。そして、残りの $\frac{1}{3}$ より10000円多い金額を母にプレゼントしたところ、33000円残った。

　残りの33000円と母にあげた10000円の合計は、貯金した残りの $1 - \frac{1}{3} = \frac{2}{3}$ にあたる。

　また、この $\frac{2}{3}$ は、ボーナスの総額の $\frac{1}{2}$（貯金額の割合）$\times \frac{2}{3} = \frac{1}{3}$ にあたる。

　これが、10000円＋33000円である。

　よって、貯金した残りの $\frac{2}{3}$ にあたる金額は、

10000円＋33000円＝43000円

ボーナス総額は、$(1 - \frac{2}{3}) = \frac{1}{3}$ で割れば求められる。

43000円÷ $\frac{1}{3}$ ＝129000円

【答】129000円

　社員のもらったボーナスはいくらだったか？

(2) 4人の漁師が大ウナギをつかまえた。その長さの $\frac{5}{6}$ が、1.5mだった。

　このウナギの長さは何mか？

また、ウナギを4人で等分したら、1人分はどのくらいの長さになるか？

　ウナギの長さ $\dfrac{5}{6}$ →ウナギの長さの $\dfrac{5}{6}$ 倍と、解きやすいようにして考える。

　ウナギの全体の長さを□とすると、□× $\dfrac{5}{6}$ が1.5mに等しい。

　全体の $\dfrac{5}{6}$ が1.5mに相当するから、

　□× $\dfrac{5}{6}$ ＝1.5m

　ウナギの長さは、

　1.5m÷ $\dfrac{5}{6}$ ＝1.8m

　4人で等分した長さは、
　1.8m÷4＝0.45m＝45cm

【答】ウナギの長さは1.8m　1人分は45cm

のべ算

● 全体の数量を考えて解く

6人が3日働いて、ある仕事の $\frac{1}{3}$ を仕上げた。いま、人数を3人増やしてこの仕事を続けると、あと何日で完成するか。

たとえば、3人の人が5日かかってする仕事を、仮に1日ですると15人分の仕事といえます。また、荷物を運ぶのに、1台の車では4回運ばなくてはならない仕事でも、2台あれば2回ですむことができます。このような考え方で求めた合計の人数を「のべ人数」「のべ回数」といいます。

「のべ算」は、のべ人数や、のべ回数のようなのべの量から、全体の仕事量とか、単位あたりの仕事量を求める問題です。人数と回数をかけた数量が「結局1つのものになる」というような意味から「帰一算」とも呼ばれています。

❖——考え方と解き方

すでにすませた仕事の量と、これからする仕事の量、つまり、仕事の全体量は、図のような関係になります。

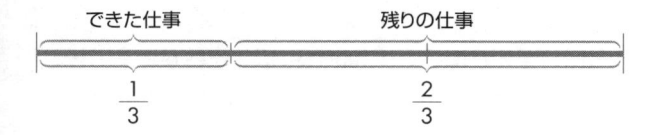

できた仕事	残りの仕事
$\frac{1}{3}$	$\frac{2}{3}$

　上の図から、$\frac{1}{3}$ の仕事の量は（6 × 3）日となるから、残りの仕事量は、6 × 3 × 2 となることがわかります。

　6人が3日働いて $\frac{1}{3}$ すませるから、その2倍の $\frac{2}{3}$ の仕事は、6 × 3 × 2 = 36日分。

　3人増えて（6 + 3）= 9人で仕事をすませる日数を□日とすると、次の計算式で解くことができます。

　6 × 3 × 2 = 9 × □
　36 = 9 × □
　□ = 4

すませた仕事の $\frac{1}{3}$ をもとにしても、解答が求められます。

すませた仕事は、9人で□日かかってする仕事の $\frac{1}{2}$ になるので、

6 × 3 = 9 × □ × $\frac{1}{2}$

18 = □ × $\frac{9}{2}$

□ = 4

【答】4日

類　題

毎日12人が働いて7日間で終わる仕事がある。ところが、3日間働いたところで、半数が仕事をやめてしまった。

残りの人数で仕事を続けると、最初から合わせて何日で仕事が完成するか？

残りの仕事量を明らかにし、完成するまでにかかる日数を求めます。

完成するまでに仕事をするのべ人数は、12人×（7－3）日＝48人。

のべ48人の仕事量を、最初の半数（12－6）人＝6人で続けるのだから、

48人÷6人＝8日。

あと8日間で完成することになる。

最初に働いた日数＝3日間と合わせると、

3日間＋8日間＝11日間

【答】11日間

練　習　問　題

（1）ある会社が土地を買い、そこに新しい工場を建てることにした。

毎日6台のダンプカーで建築資材を運び、5日間で予

定の $\frac{1}{4}$ が集まった。

あと6日間で全部の資材を運びたい。ダンプカーは、さらに何台必要になる？

ダンプカーが運ぶ資材の全体量をもとに考える。

6台のダンプで5日間に運ぶ資材の量は、

6×5＝30

この30が全体の $\frac{1}{4}$ にあたるので、全体の資材の量は、

30÷$\frac{1}{4}$＝120

これからまだ運ばなければならない資材の量は、

120－30＝90

これを6日間で運ぶには、

90÷6＝15

1日に15台のダンプが必要となる。

最初のダンプを除くと、

15－6＝9

あと9台のダンプを増やす必要がある。

【答】 9台

(2) 会社のコンピュータにデータを入力するのに、50人の社員が40分、60人の社員が30分かかって予定の $\frac{2}{5}$ だけできた。

残りを3時間10分で入力し終わるには、何人の社員が必要か？

ただし、社員1人あたりの1分間の仕事量は等しいとする。

この問題も（1）と同じように、データの全体量を求めて解く。

50人が40分、60人が30分仕事をしたときのデータの量は、

（50×40）＋（60×30）＝2000＋1800＝3800

3800がデータ全体の $\frac{2}{5}$ にあたるので、全体のデータ量は、

3800÷$\frac{2}{5}$＝9500

残りのデータの量は、

9500－3800＝5700

これを3時間10分、つまり190分で入力し終わるには、

5700÷190＝30

30人が必要となる。

【答】30人

周期算

● 繰り返しの規則性を見つける

下の図のように、左から順に金、銀、銀、銅と、同じ規則で47個のメダルを並べるとき、銀メダルは全部でいくつあるか？
また、ちょうど真ん中にあたるメダルは何色か？

○　○　○　○　○　○　○　○…
(金)(銀)(銀)(銅)(金)(銀)(銀)(銅)

　ある事柄が周期的に繰り返されるとき、その周期の長さと全体の長さとの関係が問われる「周期算」の問題です。

　周期算は、①繰り返しのきまりをつかむ、②何回繰り返しがあるか見つけ、数の余りを求める、③その数の余りの意味を考える、ことなどが問題を解く鍵になります。

　高度な問題になると、植木算の考え方も必要になります。

❖——考え方と解き方

　問題から、金、銀、銀、銅のメダルが4個1組になって、その繰り返しで並べられていることがわかります。

PART1◎基礎問題編　問題を読み解く力をつける　79

47個の中に、4個1組がいくつあるかがわかれば、あとは計算で、銀メダルの数が求められます。

　余りの数の意味を考えましょう。

　4個1組では、4で割った余りは、次ようなメダルだと考えられます。

　余りが1の場合……次の組の最初のメダルで金

　余りが2、3の場合……どちらも銀メダル

　余りが0の場合……4個の最後のメダルで銅

　47個の真ん中は何番目かを考えると、

　47÷2＝23　余り1

　このことより、全体の個数が奇数のときは、商（ある数をほかの数で割った値）＋1の番号のメダルが真ん中となるから、47では、左から（23＋1）番目のメダルが真ん中になります。

　以上のことを整理して計算すると、

　47÷4＝11　余り3……4個1組が11回できて、余りが3

　余り3個の中には、銀メダルが2個含まれています。

　2×11＋2＝24個……銀メダルの数

　47÷2＝23　余り1

　真ん中のメダルは、左から24番目です。

　24÷4＝6……6組目の最後のメダルだから銅

【答】銀メダル24個　真ん中は銅メダル

類　題

　赤、白、青の帽子をかぶった人が大勢いる。この人たちを図のように、左から順に規則正しく横に整列させた。

㊗㊗白白白青青青青㊗㊗白白白青青青青……

　さて、左から546番目は何色の帽子の人か？

　また、はじめから546番目までに含まれている白の帽子の人は何人か？

　赤帽2人、白帽3人、青帽4人の並びが繰り返されるので、9人ごとに繰り返しがあります。

　全員の数が546人だから、

　546÷9＝60　余り6

　赤赤白白白青青青×60と赤赤白白白青

　60回の繰り返しの後、赤赤白白白青までになります。

　つまり、546番目は青帽の人です。

　また、はじめから546番目までに60回の繰り返しがあるので、60回の中に含まれている白帽の人は、

$3 \times 60 = 180$人

　残りの6人の中に3人含まれているので、白帽の人の合計は、

　　$180 + 3 = 183$人

【答】青帽の人（546番目）　　183人

　　　　　　練　習　問　題

（1）　A、K、Q、Jの4枚のトランプカードがある。カードの幅はAが8cm、Kが7cm、Qが6cm、Jが5cm。

　このカードをA、K、Q、Jの順にどれも縦5mmずつ重ねて横に並べていくと、全体の幅がはじめて5mを超えるのは、何番目で、何のカードのときか？

　4枚のカードを1組とすると、1組の幅は、

　$8 + 7 + 6 + 5 - (0.5 \times 3) = 24.5$ cm……1組の重なりは0.5cmの3箇所

　5mに含まれる1組の回数と、余りのカードの幅は、

　5m＝500cm

　$500 \div 24.5 = 20$　余り10……4枚1組が20回できて、余りのカードの幅10cm

　余りの10cmは、Aのカードの幅8cmより広い

ので、Kのカードを並べたときにはじめて5mを超えることになる。

1組のカードは4枚で、KはAの2番目に並ぶから、5mを超えるときのKのカードは、

（4×20）＋2＝82番目

【答】82番目　Kのカード

（2）日曜日を除いて、毎日放送されるテレビの連続ドラマの第1回目は、9月6日の月曜日だった。

100回目の放送を迎えるのは、何月何日の何曜日になるだろうか？

番組は1週間に6回放送されるから、100回目は、
100÷6＝16　余り4で、17週目。

余りの4は、月曜日から数えて4番目だから、木曜日であることがわかる。

9月6日から数えて、16週と4日目が100回目の放送日だから、

7×16＋4＝116

116日たった日と計算できる。

そして、この116日から、9月6日からあとの日数を、月別に引いていけば、何月何日か求められる。

9月は、30−(6−1)で25日、10月は31日、11月は30。

以上をまとめると、

100÷6＝16　余り4……100回目の放送は17週目の木曜日

7×16＋4＝116……9月6日を第1日と考えたときの100回目までの日数

116−(25＋31＋30)＝30日

30日は、12月の30日(木曜日)であることがわかる。

【答】12月30日の木曜日

過不足算

●差の集まりをつくって解く

> キャンディを何人かに分けることにした。1人に3個ずつ分けたら12個余ったので、1人5個ずつにしたら、ちょうどに分けられて、1個も残らなかった。人数は何人いて、キャンディは何個あったか？

「過不足算」とは、ある数量を何人かで分けるとき、分ける1人分の数量の大きさと、余りや不足の数量から、はじめの数量の大きさや分ける人数を求める問題です。

過不足算は、面積図に表わすと数量と人数の関係がわかりやすくなります。そして、その関係をもとに面積の公式を利用して解く問題です。

❖──考え方と解き方

横を全部の人数、縦を1人分の数量として、その関係を面積図で示します。

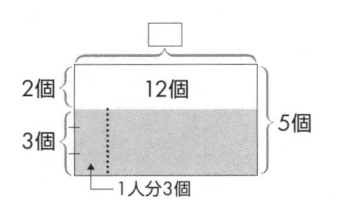

全部の人数を□とすると、面積図から、1人分の個数の差は(5-3)=2で、

2×□=12個という式が成り立ちます。

このことから、全部の人数＝6人ということが簡単にわかります。

5 - 3 = 2個……1人分のキャンディの差
12 ÷ 2 = 6人……全部の人数
3個ずつ6人に分けて12個余ったのだから、
3 × 6 + 12 = 30個……キャンディの数

【答】人数は6人　キャンディは30個

類 題

カレンダー何枚かを配るのに、1人2枚ずつ配ると、8枚余り、4枚ずつ配ると6枚不足した。

人数は何人いて、カレンダーは何枚あったか？

この問題では、配る枚数に余りと不足があります。面積図にして表わすと、次のようになります。

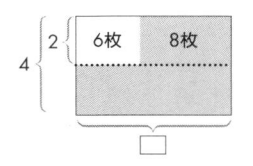

図をみると、1人分の枚数の差（4－2）に、配った人数＝□をかけると、その数は（8＋6）になっていることがわかります。

（4－2）×□＝8＋6

したがって、

4－2＝2枚……1人分のカレンダーの差

（8＋6）÷2＝7人……全部の人数

2×7＋8＝22枚……カレンダーの数

【答】人数は7人　カレンダーは22枚

練 習 問 題

（1）旅館の経営者たちが協力してパンフレットをつくることになった。費用を1人13000円ずつ集めたところ30000円足りなかったので、1人15000円ずつ集めたら、6000円余ってしまった。

経営者は何人か？　また、パンフレットの費用はいくらか？

1人分の費用の差は、

15000円－13000円＝2000円

集まった費用全体の差は、

30000円＋6000円＝36000円……全体の差＝不足＋余り

経営者の人数は、

36000円÷2000円＝18人……人数＝全体の差÷1人分の差

パンフレットをつくる費用は、

13000円×18人＋30000円＝264000円

【答】経営者は18人　費用は26万4000円

（2）家から会社へ車で通勤するのに、時速40ｋｍで走ると定時より5分遅刻する。

時速50ｋｍで走ると定時より19分早く着く。

家から会社までの距離は何ｋｍか？

5分遅れたときは時速40ｋｍ、19分早く着いたときは時速50ｋｍである。この条件から、次のようなことがわかる。

時速40ｋｍで5分間（$\frac{5}{60}$時間）走る距離は、

$40 \times \frac{5}{60} = \frac{200}{60} = \frac{10}{3}$ km

時速50ｋｍで19分（$\frac{19}{60}$時間）走る距離は、

$50 \times \frac{19}{60} = \frac{950}{60} = \frac{95}{6}$ km

定時までの時間は、

$(\frac{10}{3} + \frac{95}{6}) \div (50-40) = \frac{230}{12} \div 10 = \frac{23}{12}$ 時間

したがって、家から会社までの距離は、

$$40 \times \frac{23}{12} + \frac{10}{3} = \frac{240}{3} = 80\text{km}$$

【答】80km

還元算

● 逆算して結論を引き出す

**ある数から8を引き、15をかけると405になった。
ある数はいくつか？**

このような問題を「還元算」といいます。

問題が計算の流れにそって示されて、途中にわからない数量があるとき、答えのほうから逆に計算して、その数量を求める算数で、設定条件から順次、逆算して結論を引き出すことができることから、その名がつけられています。

求める数量を□などで表わし、□を使って、**問題文にしたがって計算式をつくっていく**のが、問題を解くポイントです。

❖――考え方と解き方

まず、よくある誤りを示します。

ある数を□として、□から8を引き、15をかけたのだから、

 □ − 8 ×15 = 405

 □ − 120 = 405

 □ = 405 − 120

□ = 285

ある数は285で正しいでしょうか。

285から8を引いて、15をかけたら4155になり、405にはなりません。

誤りの原因は、□-8を先に計算しなくてはいけないのに、8×15のほうを先に計算してしまったからです。ある数から、まず8を引いたのだから、□-8の計算を優先しなければなりません。

正しい計算式は次のようになります。

(□-8)×15 = 405

□ = 405÷15 + 8

□ = 27 + 8

□ = 35

数を求めるときは、( ) をつけて、計算のきまりにしたがうことに注意しましょう。

【答】35

類 題

兄は持っていたお金を2000円使った後、父から800円もらったので、残ったお金を弟と半分ずつに分けたところ、兄も弟も1200円になった。

兄は、最初に何円持っていたか？

2000円使って800円増え、次に弟と2人で分けて1200円になったわけだから、最初の金額を□とすると、次のような計算式ができます。

(□ − 2000 + 800) ÷ 2 = 1200

□ = 1200 × 2 − 800 + 2000

□ = 3600円

【答】**3600円**

練 習 問 題

(1) 夫が病気で死亡したので、妻に保険金が入った。

その半分を貯金し、その残りの $\frac{1}{3}$ を子どもたちに与えたら、2400万円の現金が手元に残った。

妻に入った保険金はいくらか？

保険金の総額を□円とすると、貯金した金額はその半分だから、$\frac{1}{2}$ ×□円

子どもたちに与えた金額は、貯金の残りの $\frac{1}{3}$ だから
(□ − $\frac{1}{2}$ ×□) × $\frac{1}{3}$ = $\frac{1}{6}$ ×□円

その結果、手元に残った金額は、

□ − $\frac{1}{2}$ ×□ − $\frac{1}{6}$ ×□ = $\frac{1}{3}$ ×□円

$\frac{1}{3}$ ×□=2400万円

□=7200万円

【答】7200万円

(2) ある人が旅行で、まず所持金の $\frac{1}{2}$ を交通費に使い、次に残りの $\frac{3}{5}$ をホテルの宿泊代に使った。最後に残金の $\frac{1}{4}$ でみやげ物を買ったところ、15000円が残った。この人の最初の所持金はいくらだったか？

最初の所持金を□円とすると交通費は、

$\frac{1}{2} \times$ □円

宿泊代は、

(□ $-\frac{1}{2} \times$ □) $\times \frac{3}{5} = \frac{3}{10} \times$ □円

みやげ物代は、

(□ $-\frac{1}{2} \times$ □ $-\frac{3}{10} \times$ □) $\times \frac{1}{4} = \frac{1}{20} \times$ □=円

これにより、残金は、

□ $-\frac{1}{2} \times$ □ $-\frac{3}{10} \times$ □ $-\frac{1}{20} \times$ □ $= \frac{3}{20} \times$ □円

$\frac{3}{20} \times$ □円は、最後の残金に相当するから

$\frac{3}{20} \times$ □=15000円

よって、最初の所持金は、

□=15000÷$\frac{3}{20}$ =100000円

【答】10万円

ニュートン算

●中学入試の定番文章題

20頭の馬を放すと6日で牧草を食べつくし、15頭の馬を放すと12日で食べつくす牧場がある。この牧場に何頭かの馬を放したところ、15日で食べつくした。
放した馬は何頭か?
ただし、牧草は毎日一定の量で増え、どの馬も1日に食べる牧草の量は同じとする。

全体量が、一定の割合で同時に増えたり減ったりするとき、その全体量の変化を求める問題が「ニュートン算」です。

仕事算と似ていますが、仕事算は一定の数量を減らすことが課題であるのに対し、ニュートン算は数量の増減が伴っている点が大きく異なっています。

いわば、仕事算の発展問題といえるもので、問題文に示されている条件(一定の割合で増加する数量、減少する数量など)を正しくとらえることが問題を解くキーポイントとなります。

「万有引力の法則」の発見で有名なニュートンが考案した問題といわれており、算数の中ではもっとも手強い文章題の1つで、中学入試では定番の特殊算として知られています。

❖──考え方と解き方

1頭の馬が1日に食べる牧草の量を1と考えます。20頭が6日で牧草を食べつくしたことから、その牧草の総量は、20×6＝120。

この120は、最初から生えていた牧草と、馬が食べている6日間で後から生えてきた牧草の合計です。この牧草の全体量に着目できるか否かが、この問題の正解を出せるかどうかの別れ道となります。

また、15頭が12日で食べつくしたことから、その総量は、15×12＝180。

同様に、この180は最初から生えていた牧草と、馬が食べている12日間で後から生えてきた牧草の合計です。

180－120＝60の差は、12－6＝6日間で生えてきた量と考えられるから、1日に生える牧草の量は、60÷6＝10になります。

このことから、最初から生えていた牧草は、120－10×6＝60。

したがって、15日で食べつくす馬の頭数は、その数を□とすると、次の計算式で求められます。

60÷（□－10）＝15

□＝60÷15＋10＝14頭

【答え】14頭

類 題

　ある牧場では、牛を50頭飼うと、5週間で草を食べつくし、30頭だと10週間で草を食べつくす。

　では、60頭だと何週間で食べつくすか？

　ただし、草は毎日一定の割合で増え、どの牛も1日に食べる草の量は同じとする。

　先の問題と考え方は同じです。

　牛1頭が1週間に食べる草の量を1とします。

　50頭が5週間で食べる草の総量は、$50 \times 5 = 250$。

　30頭が10週間で食べる草の量は、$30 \times 10 = 300$。

　$300 - 250 = 50$の差は、$10 - 5 = 5$週間で生えてきた量だから、草が毎週増える量は、次の計算で求められます。

　$(300 - 250) \div 5 = 10$

　これより、牧場の最初の量は、$250 - 10 \times 5 = 200$。

　60頭に必要な草の量は毎週60となるが、毎週の増加量が10では不足してしまいます。その不足量は、$60 - 10 = 50$。

　この不足量50は、毎週最初の草を食べて減らす量に相当します。

　したがって、牧場の最初の草の量200を食べつくすのに必要な週数は、

$200 \div 50 = 4$ 週間

【答】 4 週間

練 習 問 題

（1）台風による洪水で池があふれつつある。

ポンプ2台を使うと10分、3台では6分で池の水が汲み出されるという。ところが、ポンプは1台だけしかなかった。

ポンプ1台で、池の水をすべて汲みつくすのにかかる時間はどのくらいだろうか？

ポンプ1台が汲み出す水量を1とすると、

2×10＝20……池の最初の容量＋10分間の増水量

3×6＝18……池の最初の容量＋6分間の増水量

したがって、引き算すると、$20-18=2$ で、これが2台のポンプと3台のポンプの差（$10-6=4$ 分間の増水量）となる。

1分間の増水量の割合は $\frac{2}{4} = \frac{1}{2}$ だから、

よって、池の最初の容量は、

20－（10分間での増水量）＝20－10×$\frac{1}{2}$＝15

ポンプ1台では、

15÷（1－$\frac{1}{2}$）＝15×2＝30分

【答】30分

(2) 宝くじの発売窓口が1つだったとき、発売開始までに160人の行列ができた。その後も1分間に5人の割合で行列ができたが、発売を開始してから40分後には行列がなくなった。

　最初から窓口を5つにしておいたら、行列は何分でなくなったか？

　　1つの発売窓口が40分でさばく人数を計算すると、

　160＋5×40＝360人……最初の人数＋40分で並ぶ人数

　1つの発売窓口が1分でさばく人数は、

　360÷40＝9人

　5つの発売窓口を設けていたときに行列のなくなるまでの時間は、1分あたりに減る人数は9×5人、増える人数は5人だから、

　160÷（9×5－5）＝4分

【答】 4分

大人の
算数トレーニング

PART 2

実力問題編
ハイレベル問題にチャレンジ

基礎問題編では、算数特殊算の代表的な「つるかめ算」をはじめ18種の初歩的文章題を集め、問題を読み解く方法わかりやすく記述しました。

　このPART2では、その基礎問題をさらに発展させた、中学入試に出題されることの多い高水準の問題を独自にアレンジして作成した実力・応用問題集です。

　基礎問題編での学習成果を生かして、自由に楽しみながらチャレンジしてください。そして、問題の解き方を通して、判断力、分析力など論理思考を養う"脳力"を高めてください。

　なお、問題文の登場人物等は、実在の人物等とはまったく関係のないことをお断りしておきます。

問題 1 つるかめ算

松ちゃんと浜ちゃんがパチンコ屋で、替えた何個かの玉をジャンケンで分けることにした。

勝ったほうが50個、負けたほうは10個とることにし、ジャンケンを何回かしたとき、松ちゃんは400個、浜ちゃんは320個になった。

浜ちゃんが勝った回数は何回？

計算を書き込むのにお使い下さい

A 1

解き方 1回のジャンケンで、勝ったほうと負けたほうを合わせると、

50個+10個=60個

60個増えるから、ジャンケンの回数は、

(400個+320個)÷60回=12回

12回とわかる。これを、つるかめ算で計算する。

浜ちゃんが12回の勝負に全部負けたとすると、その玉の数は、

10個×12回=120個

120個となり、実際の玉より、

320個-120個=200個

200個足りない。

勝ち数を1回増やし、負け数を1回減らすごとに、玉の数は、

50個-10個=40個

40個増えるから、勝った回数は、

200個÷40個=5回

【正解】 5回

問題 2　つるかめ算

あややちゃんが友だちと輪投げゲームをした。

輪が的に入ると10点得点し、はずれると5点引かれる。

あややちゃんは10個の輪を投げたところ、得点は10点だった。

何個の輪が入ったかな？

計算を書き込むのにお使い下さい

A 2

解き方 つるかめ算の一種で「弁償算」という問題だが、解き方は、基本的につるかめ算と同じである。

10個の輪が全部入ったとすると、得点は、

10個×10点＝100点

1回はずれると、

10点＋5点＝15点

15点マイナスになる。実際の得点は10点だから、はずれた輪の数は、

（100－10）点÷15点＝6個

10個の輪を投げたから、入った輪の数は、

10個－6個＝4個

【正解】 4個

問題 3　平均算

テレビ番組の視聴率調査で、2回目の放送は1回目の放送より3%増え、3回目は2回目より2%減り、4回目は3回目より6パーセント増え、5回目は4回目より3%減った。

そして、5回放送の平均は10パーセントだった。

1回目の視聴率は何%だった？

計算を書き込むのにお使い下さい

A3

解き方 1回目を0％として考えると解きやすい。

すると、2回目は、 0 + 3 = 3％
3回目は、 3 − 2 = 1％
4回目は、 1 + 6 = 7％
5回目は、 7 − 3 = 4％

この平均は、
（0 + 3 + 1 + 7 + 4）÷ 5 = 3％

すなわち5回の平均は、1回目の視聴率より3％高いということになる。

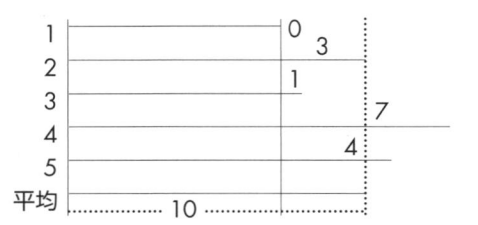

```
1 ─────────────── 0   3
2 ───────────────
3 ─────────── 1
4 ─────────────────── 7
5 ─────────────── 4
平均 ·······10·······
```

実際の平均は10パーセントだから、1回目の視聴率は、

10 − 3 = 7％

【正解】 7 ％

問題 4　平均算

　上原と高橋と阿部の3人は雨で野球が中止になったので、カラオケスナックへ行った。

　上原は6曲歌い、1曲の平均が5分だった。

　上原と高橋は合わせて10曲歌い、2人の1曲の平均は4分48秒だった。

　高橋の1曲の平均時間は何分だった？

A 4

解き方 合計量＝平均量×個数という公式から、

上原と高橋の歌った合計時間は、

4分48秒×10曲＝2880秒＝48分

上原の歌った時間は、

5分×6曲＝30分

30分だったから、高橋の歌った時間は、

48分－30分＝18分

また、高橋の歌った曲数は、

10曲－6曲＝4曲

よって、高橋の1曲の平均時間は、

18分÷4曲＝4.5分＝4分30秒

【正解】 4分30秒

問題 5 [問題4]の続き問題……平均算

3人で行ったカラオケスナックで、阿部は何曲か歌って、その1曲の平均は4分だった。

また、上原、高橋、阿部の3人の平均は4分30秒だった。

さて、阿部は何曲歌っただろう？

A 5

解き方 「仮の平均」を使って解く平均算の発展問題。

上原と高橋を合わせた平均時間は、

48分÷10曲＝4.8分

4.8分である。

そこで、阿部の平均時間4分を仮の平均と考えると、阿部の1曲の平均時間は、

4分－4分＝0分

0分となり、3人の平均時間は、

4.5分－4分＝0.5分

0.5分となり、上原と高橋の2人の平均時間は、

4.8分－4分＝0.8分

0.8分となる。また、上原と高橋の歌った時間は、

0.8分×10曲＝8分

8分となる。これに阿部の歌った時間すなわち0分を加えた3人の平均時間が0.5分だから、3人で歌った曲数は、

8分÷0.5分＝16曲

上原と高橋の合計曲数＝10曲だから、阿部の曲数は、

16曲－10曲＝6曲

【正解】 6曲

問題 6 　仕事算

オセロの2人が自慢のカレー料理をつくることにした。

中島が1人でつくると45分かかり、松嶋1人では30分かかる。

2人で一緒に協力してつくると、何分で料理が完成する？

A 6

解き方 このような問題では、まず1分あたりの仕事の量を求めていく。

料理をつくる仕事量全体を1と考えると、中島は1分で$\frac{1}{45}$の仕事をし、松嶋は1分で$\frac{1}{30}$の仕事をすることになる。

2人合わせて1分間に、

$$\frac{1}{45} + \frac{1}{30} = \frac{1}{18}$$

$\frac{1}{18}$の仕事ができるわけだから、

$$1 \div \frac{1}{18} = 18 \text{分}$$

18分で完成することになる。

【正解】18分

問題 7 [問題6]の続き問題……仕事算

中島と松嶋の2人で順番に、何分かずつ料理したら、35分で完成した。

さて、2人は何分ずつ料理したことになる?

A 7

解き方 仕事算の発展問題で、つるかめ算を応用して解く。

中島1人だけで35分料理すると、

$$\frac{1}{45} \times 35 = \frac{7}{9}$$

全体の $\frac{7}{9}$ しかできない。

松嶋の時間を1分増やし、中島の時間を1分減らすと、仕事量は、

$$\frac{1}{30} - \frac{1}{45} = \frac{1}{90}$$

$\frac{1}{90}$ 増えるから、松嶋の時間は、

$$(1 - \frac{7}{9}) \div \frac{1}{9} = \frac{2}{9} \div \frac{1}{90} = 180 \div 9 = 20分$$

中島の時間は、

35分 − 20分 = 15分

【正解】中島が15分　松嶋が20分

問題 8 分配算

由紀恵くんが韓国へ3週間の映画ロケに行った。

ところが天気が悪く、撮影ができたピーカン（晴天）の日は、そのほかの日より3日しか多くなかった。

さて、ピーカンの日は何日だった？

A 8

解き方 分配算の典型とされる問題。

ピーカンの日とそれ以外の日が、合わせて3週間（21日）あり、ピーカンの日が3日多いことから、その関係を図で表わすと、

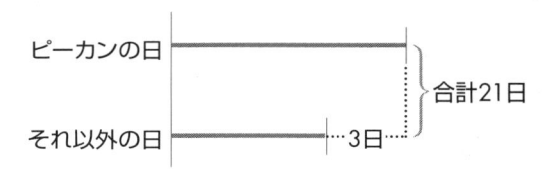

```
ピーカンの日  ├─────────────────────┤
                                      ┃合計21日
それ以外の日  ├──────────────┤┄3日┄┃
```

ピーカン以外の日を3日増やすと、ピーカンの日と同じになる。
そのときの日数の合計は、
21日＋3日＝24日
ピーカンの日数の2倍が24日となるから、ピーカンの日は、
24日÷2＝12日

【正解】 12日

問題9 分配算

幕張メッセでモーターショーが月曜日から1週間開催された。

金曜日の入場者数は土曜日より4000人少なく、土曜日の入場者数は水曜日と木曜日の入場者数の合計と同じで、さらに日曜日は土曜日の2倍の入場者数だった。

初日と最終日は、それぞれ火曜日より24000人多く、全体の入場者数は125000人だった。

では、火曜日の入場者は何人だっただろう？

A 9

解き方 条件を線分図で表わすと、次のような関係になる。

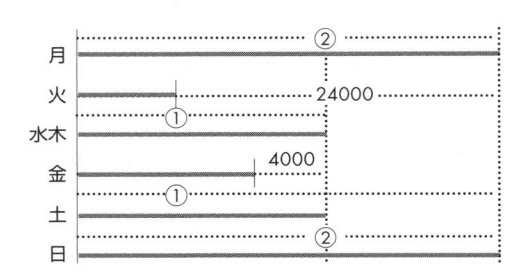

火曜日に24000人足すと、月曜日と日曜日に等しくなり、金曜日に4000人足すと、土曜日と水・木曜日分に等しくなる。

よって、

125000人＋24000人＋4000人＝153000人

153000人が土曜日（①）の、

②＋②＋①＋①＋①＋②＝⑨

9倍にあたる。土曜日は、

153000人÷9＝17000人

火曜日は、

17000人×2－24000人＝10000人

火曜日の入場者は10000人である。

【正解】 1万人

問題 10 分配算

　萩原君と永瀬君と浅野君の3人がビリヤードのローテーションゲームで遊んだ。

　ローテーションゲームは、12個の球をポケットに入れるゲームで、得点の合計はいつも120点になる。

　3人で対戦した結果、浅野君は萩原君より18点多く、永瀬君は浅野君の半分より3点多い点数だった。

　3人のそれぞれの点数は何点だった？

A 10

解き方 3人の関係を線分図に表わしてみよう。

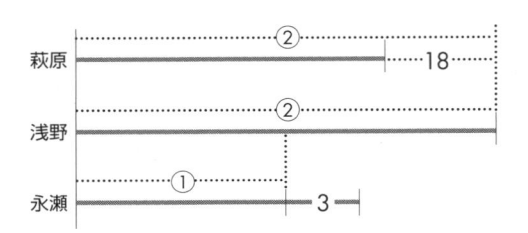

```
萩原 ―――――――②―――――――|―18―|
浅野 ―――――――②―――――――――――|
永瀬 ――――①―――|―3―|
```

浅野君の点数を②の大きさにすると、萩原君に18点を加えると②になり、永瀬君から3点引くと①になる。

120点＋18点－3点＝135点

135点は、②＋②＋①にあたり、①の5倍。

よって①は、

135点÷5＝27点

浅野君は、

27点×2＝54点

萩原君は、

27点×2－18点＝36点

永瀬君は、

27点＋3点＝30点

【正解】萩原君36点　永瀬君30点　浅野君54点

問題 11 [問題10]の続き問題……分配算

再び3人で対戦した。

最後に残った14点の球を萩原君が得点すれば、萩原君と永瀬君が同点だったが、永瀬君が得点してしまったので、萩原君は永瀬君の半分になってしまった。

浅野君は何点取っていたのだろう？

A 11

解き方 実際の得点より萩原君が14点多く、永瀬君が14点少なければ、萩原君と永瀬君の点数は同じになる。

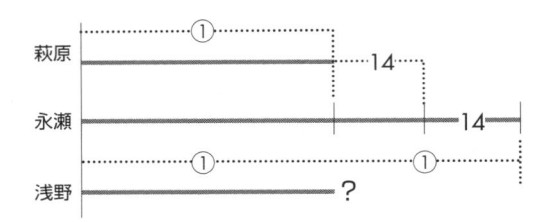

```
萩原 ──────①──────┊
                  ┊‥14‥┊
永瀬 ────────────────┊─14─┊
浅野 ──────①──────? ──①──
```

14点＋14点＝28点

この28点が、永瀬君の半分の点数にあたる萩原君の点数になる。

萩原君は28点。永瀬君は、

28点×2＝56点

したがって、浅野君の得点は、

120点－（28点＋56点）＝36点

【正解】36点

問題 12 差集め算

社員旅行で、社員が宿泊ホテルの1室に何人かずつ泊まることになった。

1室に3人ずつ泊まると5人余り、1室に5人ずつ泊まると1室余った。

社員旅行の人数は全部で何人か？

A 12

解き方 条件を図に表わしてみる。

```
[5人]    [5人]……[5人]    [  ]
 ⋮          □室       ⋮   1室余る

[3人]    [3人]……[3人]   [3人] 5人余る
                         ⋮ 8人 ⋮
```

5人ずつ □ 室に泊まると、1室余る。

1室の人数を3人にすると、□ 室から、

5人－2人＝2人

2人ずつ余ってきて、その合計が、

3人＋5人＝8人

8人となる。よって、

□＝8人÷2＝4室

4室となり、人数は、

4室×5人＝20人

【正解】20人

問題 13　差集め算

庭の花壇の周囲にバラの木を植えることにした。

1mおきに植えるのと、1.2mおきに植えるのとでは、5本の違いがあった。

花壇の周囲は何mある？

A 13

解き方 1.2mおきに何本か＝□本植えたものを、1mおきに植え替えたと考えると、

間隔が1本あたり、

1.2m−1m＝0.2m

0.2mずつ縮まるから、周囲に、0.2×□mだけの余りができる。

この間に1m間隔で5本植えられるのだから、余りの長さは、

1m×5本＝5m

5mだから、1.2mおきに植えた本数は、

□本＝5m÷0.2＝25本

よって、花壇の周囲は、

1.2m×25＝30m

【正解】30m

問題 14　差集め算

　格闘家の小川選手が仲間を招いて誕生パーティを開いた。客の数は外国人選手が日本人選手より2人多かった。

　そこで、小川選手が記念に特製のハッスルTシャツを配ったところ、外国人選手に4枚、日本人選手に2枚ずつ配ると29枚余り、外国人選手に6枚、日本人選手に3枚ずつ配ると1枚だけ余った。

　さて、Tシャツの数は何枚だったか？

A 14

解き方 難易度のかなり高い問題。

まず、外国人選手の人数が2人少なく、日本人選手と同じだと考える。

すると、外国人選手に4枚、日本人選手に2枚ずつ配ったときに余るTシャツは、

29枚より（2人×4枚）＝8枚多くなるから、

29枚＋8枚＝37枚

また、外国人選手に6枚、日本人選手に3枚配ったときに余るTシャツは、

1枚＋2人×6枚＝13枚

前者は、外国人選手と日本人選手の2人1組あたり6枚ずつ、後者は、外国人選手と日本人選手の2人1組あたり9枚ずつ配ったと考えられる

したがって、日本人選手の数は、次の計算で求められる。

（37枚－13枚）÷（9枚－6枚）＝8人

外国人選手は、日本人選手より2人多いから、10人。外国人選手に4枚、日本人選手に2枚ずつ配って29枚余ったわけだから、

4枚×10人＋2枚×8人＋29枚＝85枚

Tシャツの数は85枚である。

【正解】85枚

問題 15 平均算

横綱の朝青龍は毎日、部屋の弟子相手に稽古を行ない、平均20勝をあげていた。

場所前の稽古最後の日に34勝をあげていたので、平均22勝になった。

さて、朝青龍はこれまで何日稽古をした？

A 15

解き方 20勝を基準（仮平均）として考える。

すると、最終日の前日までは毎日0勝。最終日に14勝して、全体の平均が20勝ということになる。

全体の日数を □ 日とすると、

14勝÷ □ ＝ 2

したがって、稽古した日数は、

□ ＝14勝÷ 2 ＝ 7 日

【正解】 7 日

問題 16 平均算

千代大海がある場所で、全勝優勝を飾ったとする。

すると、幕内の通算勝率が2分あがって7割になる。

さて、全勝優勝したその場所は、幕内に入って何場所目になる？

A 16

解き方 考え方は前の問題と同じである。

これまでの勝率は、

7割－2分＝6割8分

6割8分を仮平均として、それを0割にすると、優勝した場所の勝率は、

10割－6.8割＝3.2割

幕内に入ってからの場所数を □ 場所とすると、通算勝率は2分（0.2割）だから、

3.2割÷□＝0.2割

□＝3.2割÷0.2割＝16

全勝優勝した場所は、入幕してから16場所目

【正解】16場所目

問題 17 つるかめ算

魁皇と栃東は、朝青龍にこれまで2人合わせて15回勝ち、勝率はちょうど5割だった。

魁皇は朝青龍に勝率6割、栃東は苦手で、勝率3割の成績だった。

さて、これまでの朝青龍との対戦成績は、魁皇と栃東、それぞれ何勝何敗か？

A 17

解き方 つるかめ算を応用して解く。

魁皇、栃東の2人合わせた勝率が5割だから、2人が30戦して15勝したことになる。

栃東だけで30戦したとすると、勝ち数は、

30×0.3（3割）＝9勝

魁皇を1戦増やし、栃東を1戦減らすごとに、

0.6（6割）－0.3＝0.3勝

0.3勝ずつ増えていくから、魁皇の対戦数は、

(15－9)÷0.3＝20回

栃東の対戦数は、

30－20＝10回

魁皇は勝率6割だから、

20×0.6＝12勝

12勝して8敗。

栃東は勝率3割だから、

10×0.3＝3勝

3勝して7敗。

【正解】魁皇12勝8敗　栃東3勝7敗

問題 18 倍数算

丸山プロに、ゴルフファンのタモリがドラコン勝負を挑んだ。

丸山プロとタモリの飛距離の比は5：3で、丸山プロの飛距離から40m引いた数は、タモリの飛距離から80m引いた数の3倍だった。

2人のそれぞれの飛距離は何mか？

A 18

解き方 タモリの飛距離から80m引いた数を①とすると、タモリの飛距離は①+80m。

丸山の飛距離は③+40mと表わすことができる。

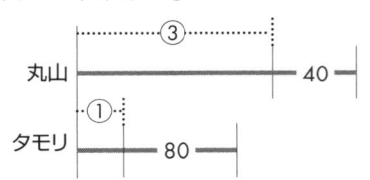

```
            |――――③――――|
丸山 ――――――――――|―40―|
    |·①·|
タモリ ――|――80――|
```

丸山の飛距離の3倍とタモリの5倍が等しいから、

(③+40m) × 3 = ⑨+120m

(①+80m) × 5 = ⑤+400m

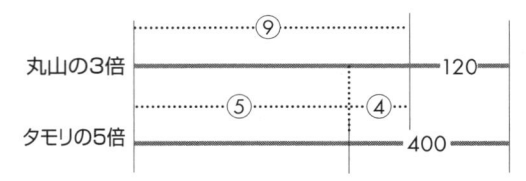

```
       |―――――⑨―――――|
丸山の3倍 ――――――――――|―120―|
       |―――⑤―――|·④·|
タモリの5倍 ―――――――――|―400―|
```

400m − 120m = 280m

280mが⑨−⑤=④にあたるから、①は、

280m ÷ 4 = 70m

よって、タモリの飛距離は、

70m + 80m = 150m

丸山の飛距離は、

70m × 3 + 40m = 250m

【正解】丸山プロ250m　タモリ150m

問題 19 和差算

大手スーパーのオーナーがバレンタインデーに、女子従業員からチョコレートをプレゼントされた。数えてみたら、300円と500円のチョコが70個、300円と1000円のチョコが100個、500円と1000円のチョコが90個あった。

チョコの金額は、全部でいくらだっただろう？

A 19

解き方 チョコの合計数から求める。

その数は、次の計算式から、130個になる。

$$[300] + [500] \qquad\qquad = 70$$
$$[300] + \qquad\quad [1000] = 100$$
$$\qquad\quad [500] + [1000] = 90$$

$$2 \times ([300] + [500] + [1000]) = 260$$
$$[300] + [500] + [1000] = 130$$

よって、300円のチョコは、

130個−90個＝40個

500円のチョコは、

130個−100個＝30個

1000円のチョコは、

130個−70個＝60個

合計金額は、

300円×40個＋500円×30個＋1000円×60個＝12000円＋15000円＋60000円＝87000円

【正解】 8万7000円

問題 20　つるかめ算

ヤンキースのゴジラ松井は1シーズンで、シングルヒット55本、長打59本の成績を残した。長打のうち3塁打は2本で、あとは2塁打とホームランだった。また、塁打数は239だった。

さて、ホームランは何本だったか？

A 20

解き方 シングルヒットと3塁打の塁打数（シングルヒットを1、2塁打を2、3塁打を3、ホームランを4として計算する総計）は、

55本×1＋2本×3＝61

61だから、2塁打とホームランの分は、

239－61＝178

2塁打とホームランの合計数は、

59本－2本＝57本

これを、つるかめ算で計算する。

全部2塁打だとすると、塁打数は、

57本×2＝114

114となり、

178－114＝64

64足りない。2塁打を1本ホームランに替えると、塁打数は、

4－2＝2

2増えるから、ホームランの数は、

64÷2＝32本

【正解】32本

問題 21 [問題20]の続き問題……つるかめ算

松井が打った32本のホームランの平均飛距離は110mだった。

そのうち、レフトスタンドへのホームランの平均は113m、それ以外の平均は105mだった。

では、レフトスタンドに打ち込んだホームランは何本だった？

A 21

解き方 32本打ったホームランの飛距離の合計は、

110m×32本＝3520m

3520mとなる。

前問と同様に、つるかめ算の考え方を応用する。

32本全部がレフト以外だとすると、平均105mだから飛距離の合計は、

105m×32本＝3360m

3360mとなる。これは実際より、

3520m－3360m＝160m

160m足りない。

レフトスタンドのホームランを1本増やすごとに、飛距離は、

113m－105m＝8m

8mずつ増えるから、レフトスタンドへのホームランの数は、

160m÷8m＝20本

20本となる。

【正解】20本

問題 22 差集め算

大リーグの奪三振王、ランディ・ジョンソンは今年何試合かの登板予定がある。

1試合に10個ずつ三振を取っていくと、昨年の三振数に55個足らず、14個ずつ取っていくと、昨年より33個多くなる。

昨年は、何個の三振を取ったか？

A 22

解き方 条件を線分図で表わしてみる。

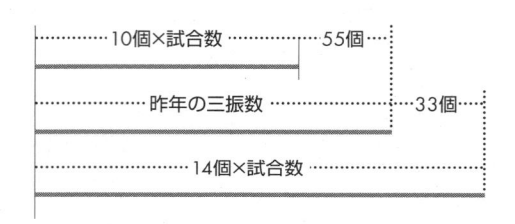

```
|······· 10個×試合数 ·······|··55個··|
|─────────────────|
|······· 昨年の三振数 ·······|··33個··|
|─────────────|
|·········· 14個×試合数 ··········|
|──────────────────────|
```

10個ずつのときと14個ずつのときの三振数の差は、

55個＋33個＝88個

また、1試合ごとの三振数の差は、

14個－10個＝4個

4個だから、(1試合ごとの三振数の差) × (試合数) ＝ (全体の三振数の差) より、

試合の数は、

88個÷4個＝22試合

22試合で、10個ずつ取ると三振数は、

22試合×10個＝220個

この数は、昨年より55個少ないわけだから、昨年の三振数は、

220個＋55個＝275個

【正解】275個

問題 23 [問題22]の続き問題……分配算

ジョンソンの奪三振数275個のうち、フォークが決め球だったのは、ストレートが決め球だった数の半分より12個多く、フォーク、ストレート以外が決め球だったのは、フォークの半分よりやはり12個多かった。

決め球がストレート、フォーク、それ以外は、それぞれ何個ずつだった？

A 23

解き方 分配算で解く難易度の高い問題。

球種と三振数の関係を線分図にして考える。

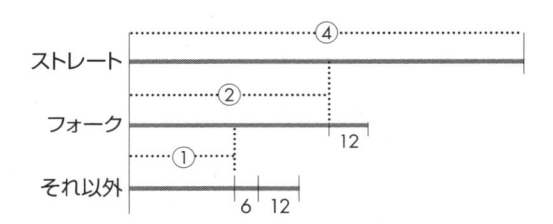

```
                    ④
ストレート ──────────────────────
          ──── ② ────
フォーク ─────────────── 
                    12
       ── ① ──
それ以外 ─────────
              6  12
```

ストレートの三振数を④（④にすると分数が出ないで計算しやすい）とすると、

フォークの数は②＋12となる。

また、それ以外の数は、②＋12の半分に12を足したものだから、

①＋6＋12＝①＋18

となる。よって、275－12－18＝245個が

④＋②＋①にあたるから、

①＝245個÷7＝35個

したがって、それぞれは、

ストレート＝35個×4＝140個

　フォーク＝35個×2＋12個＝82個

　　それ以外＝275個－140個－82個＝53個

【正解】ストレート140個　フォーク82個　それ以外53個

問題 24 平均算

ライオンズの松坂はこれまでホークスの城島に相性が悪く、打率3割5分と打たれてきたが、今日の試合で4打席連続三振を奪ったので、城島の打率が2分下がった。

さて、2人はこれまで何回対戦したか？

A 24

解き方 縦を打率、横を打席にして、その関係を面積図に表わすと次にようになる。

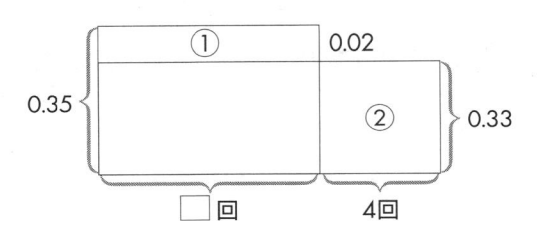

```
         ①        0.02
0.35 {         ┃
              ┃  ②   } 0.33
         □回      4回
```

面積はヒットの数を表わし、①の部分と②の部分が同じ面積となる。

②の面積は、

$0.33 \times 4 = 1.32$

この 1.32 が①の面積と同じだから、

$1.32 = \square \times 0.02$

$\square = 1.32 \div 0.02 = 66$

66回の対戦となる。

【正解】66回

問題 25 相当算

競馬好きのさんま君が、土曜日と日曜日の両日、東京競馬場へ出かけた。

土曜日のレースで、持っていたお金の $\frac{2}{5}$ より6000円多くスッてしまった。

日曜日に負けた分を取り返そうとしたが、また残りのお金の $\frac{3}{4}$ より2000円少ない金額をスッてしまい、結局、手元には8000円しか残らなかった。

さんま君が最初に持っていたのはいくら?

A 25

解き方 相当算に使われる「基準量＝数量÷割合」の算数公式で答を求める。

日曜日に土曜日の残りの $\frac{3}{4}$ をスッたとすると、残った金額は、

8000円－2000円＝6000円

6000円となるが、これは土曜日の残りの、

$1-\frac{3}{4}=\frac{1}{4}$

$\frac{1}{4}$ にあたる。よって、土曜日の残りは、

6000円÷$\frac{1}{4}$＝24000円

次に、土曜日に持っていた金額の $\frac{2}{5}$ だけをスッたとすると、

土曜日の残りは、

240000円＋6000円＝30000円

30000円になるが、これは最初の所持金の、

$1-\frac{2}{5}=\frac{3}{5}$

$\frac{3}{5}$ にあたるから、最初の所持金は、

30000円÷$\frac{3}{5}$＝50000円

【正解】 5万円

問題 26 相当算

おじさんファンが多いタレントの優香ちゃんが家にあったテープでバストを測ってみた。

テープを身長と同じ長さに切り、これを半分に折ってバストに巻くと、ちょうど1周になった。また、$\frac{1}{3}$に折って巻くと28cm足りなかった。

さて、彼女のバストは何cmだった？

A 26

解き方 線分図で表わすと解きやすい。

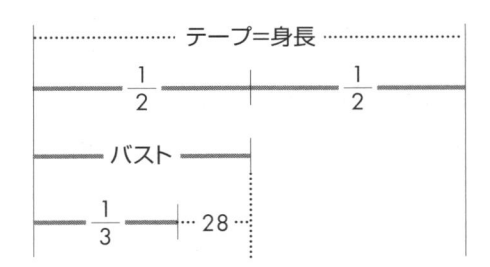

```
|————— テープ＝身長 —————|
|——— 1/2 ———|——— 1/2 ———|
      バスト
|—— 1/3 ——|‥28‥|
```

図により、28cmは身長の、

$$\frac{1}{2} - \frac{1}{3} = \frac{1}{6}$$

$\frac{1}{6}$ の長さに相当する。

よって、身長は、

28cm ÷ $\frac{1}{6}$ ＝168cm（テープの長さ）

168cmである。バストは、テープの長さのちょうど半分だから、

168cm ÷ 2 ＝84cm

バストは84cmとなる。

【正解】 **84cm**

問題 27 [問題26]の続き問題……相当算

さらに優香ちゃんは、また別のテープを使ってヒップを測った。

テープを$\frac{1}{3}$にしてお尻に巻くと6cm余り、$\frac{1}{4}$にして巻くと17cm足りなかった。

ヒップは何cmだっただろう？

A 27

解き方 これも線分図に表わして考える。

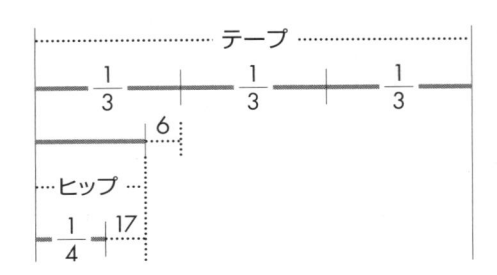

```
|·········································· テープ ··········································|
|———— 1/3 ————|————  1/3  ————|———— 1/3 ————|
            |— 6 —|
|·· ヒップ ··|
|— 1/4 —|17|
```

図により、

6＋17＝23cm

23cmは、テープ全体の長さの $\frac{1}{12}$ に相当する。

$\frac{1}{3} - \frac{1}{4} = \frac{1}{12}$

よって、テープの長さは、

23cm÷ $\frac{1}{12}$ ＝276cm

ヒップは、テープの $\frac{1}{3}$ の長さより6cm短かったのだから、

276cm÷3－6cm＝86cm

ヒップは86cmとなる。

【正解】 86cm

問題 28 相当算

小泉総理が人気回復をねらってTVドラマに出演、さっそく台本のセリフを覚えることになった。

台本を1日に30ページ、2日目に残りの $\frac{2}{5}$ を覚えたところ、台本の半分を覚えたことになった。

さて、このこのドラマの台本は全部で何ページか?

A 28

解き方 台本の全体量を、全体に対する割合から求めて解く。

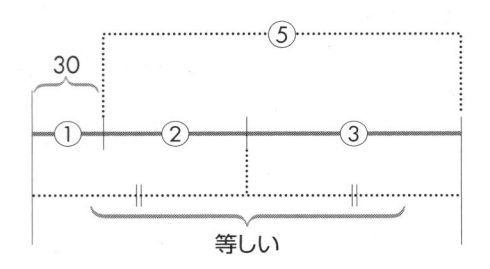

```
           ┌─────────⑤─────────┐
      30
     ┌─┐
  ───┼─①───┬──②──┼──③───┬───
              └─────┬─────┘
                  等しい
```

条件の関係を図にすると、次のようになる。
図により、1日目に読んだ分（30ページ）と2日目に読んだ分（②）の和が、残った分（③）に等しいから、

③－②＝①

①が30ページに相当する。

よって、ページ数は全部で、

30ページ×5＋30ページ＝180ページ

【正解】180ページ

問題 29 [問題28]の続き問題……相当算

小泉総理は、ドラマの原作本も5日かけて読んだ。

1日目に全体の $\frac{1}{5}$ を読み、2日目は残りの $\frac{1}{3}$ を読み、3日目は残りの $\frac{1}{4}$ を読み、4日目に残りの $\frac{1}{2}$ を読んだら、5日目の分は36ページになった。

はじめの3日間で、何ページ読んだ？

A29

解き方 原作本の全体のページを1とすると、1日目の残りは、全体の $(1-\frac{1}{5})=\frac{4}{5}$

2日目の残りは、この $\frac{4}{5}$ の

$(1-\frac{1}{3})=\frac{2}{3}$

3日目の残りは、この $\frac{2}{3}$ の

$(1-\frac{1}{4})=\frac{3}{4}$

4日目の残りは、この $\frac{3}{4}$ の

$(1-\frac{1}{2})=\frac{1}{2}$

よって、5日目の分は、

$\frac{4}{5}\times\frac{2}{3}\times\frac{3}{4}\times\frac{1}{2}=\frac{1}{5}$

全体の $\frac{1}{5}$ 。これが36ページ分に相当するから、全体のページ数は、

36ページ÷15=180ページ

4日目と5日目に読んだのは、

36ページ×2＝72ページ

72ページだから、3日目までに読んだのは、

180ページ－72ページ＝108ページ

【正解】108ページ

問題 30 旅人算

寛平ちゃんとマネージャーがトライアスロンに挑戦した。寛平ちゃんは時速27kmで進み、マネージャーは時速24kmで進んだ。

ところが、寛平ちゃんは途中で腹痛を起こして1時間休んだので、2人は同時にゴールインした。

さて、このトライアスロンのコースは何kmだった？

Ⓐ 30

解き方 旅人算に、差集め算の考えを応用して解く問題。

速さの差に、進んだ時間をかけたものが、両者の距離の差になることを基本に考える。

寛平ちゃんが休まずに進んだとすると、マネージャーがゴールインしたとき、ゴールを過ぎて、

27km×1時間＝27km

27km前に行っていることになる。

寛平ちゃんはマネージャーより1時間に、

27km－24km＝3km

3km前に進むから、マネージャーがゴールインまでにかかった時間は、

27km÷3km＝9時間

よって、コースの距離は、

24km×9時間＝216km

【正解】216km

問題 31 旅人算

中田と小野と中村の3人が皇居の周りをジョギングした。

小野は中田より4分遅れてスタートし、5分後に中田に追いついた。また、中村は小野より8分遅れてスタートし、6分後に中田に追いついた。

では、中村が小野に追いつくのは、スタートして何分後か？

A 31

解き方 中田はスタートして、

4分＋5分＝9分

9分後に小野に追いつかれ、

4分＋8分＋6分＝18分

18分後に中村に追いつかれたことになる。

よって、中田と小野の速さの比は、

$\frac{1}{9} : \frac{1}{5} = 5 : 9$

また、中田と中村の速さの比は、

$\frac{1}{18} : \frac{1}{6} = 1 : 3 = 5 : 15$

そして、小野と中村の速さの比は、9：15となる。

小野が1分間で走る距離を9とすると、中村がスタートしたとき、小野は、

9×8分＝72

72の距離だけ前方にいる。この差は速さの比から、1分ごとに、

15－9＝6

6ずつ縮まるから、追いつくのは、

72÷6＝12分

【正解】12分後

問題 32　流水算

慎吾くんは、350mの川を上流から下流へ泳いだら、2分30秒かかった。

川は秒速1mの速さで流れている。

その川を流れとは反対方向に泳ぐと、泳ぎ切るのに何分多くかかる？

A 32

解き方 慎吾くんが上流から下流へ350m泳ぐ速さは、

350m÷2分30秒＝350m÷150秒＝秒速$2\frac{1}{3}$m

川の流れる速さが秒速1mだから、ふつうのプールを泳ぐ速さは、

$2\frac{1}{3}$m－1＝$1\frac{1}{3}$mm

秒速$1\frac{1}{3}$m。川の流れに逆らって泳ぐと、

$1\frac{1}{3}$m－1＝$\frac{1}{3}$m

秒速$\frac{1}{3}$mになる。かかる時間は、

350m÷$\frac{1}{3}$秒＝1050秒

時間の差は、

1050秒－150秒＝900秒＝15分

よって、15分多くかかる。

【正解】15分

問題 33 流水算

舟下りで有名な天竜川。上流の乗り場から下流の降り場まで60kmある。

川の流れの速さは時速5kmである。

この天竜川を、時速25kmの舟で往復すると、何時間かかるか？

A 33

解き方 川の長さは60km。

川の流れの速さと舟の速さを足すと、

5 km＋25km＝時速30km

下りは時速30kmで進む。

よって、下りにかかる時間は、

60km÷30km＝2時間

上りの舟の速さは、川に流れの速さを引いて、

25km－5 km＝時速20km

上りは時速20kmで進む。

よって、上りにかかる時間は、

60km÷20km＝3時間

往復にかかる時間は、

2時間＋3時間＝5時間

【正解】5時間

問題 34 植木算

暴走族が50台の車を連ねて、湾岸道路をデモンストレーションした。

車1台の長さが3m、すべての車が車間距離5mで時速72kmで走った。

先頭を走るリーダーの車と、最後尾の車の車間距離は何mあるだろう？

A 34

解き方 各5mの車間の数は、全部で、

50－1＝49

49ある。また、この間に車は、

50－2＝48

48台ある。

```
               ┌········· 車間距離 ·········┐
   1      2      3         49       50
       5m     5m     ········      5m
```

よって、49の車間を足した距離と、48台分の車の長さの和が、

先頭から最後尾までの車間距離となる。

（5m×49）＋（3m×48台）＝389m

【正解】 389m

問題 35 [問題34]の続き問題……植木算

ところが、パトカーが来て、先頭の車が止められてしまった。そこで、後続の車も、車間距離3mで次々と止まった。

さて、最後尾の車が止まるのは、先頭の車が止まってから何秒後だろう?

ただし、止まるまでの車の速さは一定(時速72km)とする。

A 35

解き方 すべての車が止まったとき、先頭と最後尾の車との車間距離は、

(5m － 3m) ×49＝98m

98mだけ短くなる。

この距離の分だけ、最後尾の車は先頭より長く走り続けることになるから、

時速72km（＝秒速20m）だから、止まる時間は、

98m÷20m＝4.9秒

4.9秒となる。

【正解】 4.9秒

問題 36 [問題35]の続き問題……植木算

先頭の車が時速3.6kmでノロノロと動き始めたが、24m進んで止まってしまった。

後続の車は、車間距離10mになったところで先頭と再び同じ速さで動き始め、車間距離4mで再び止まってしまった。

最後尾の車が動き出すのは、先頭の車が動き始めてから何分何秒後か？

Ⓐ 36

解き方 植木算の発展問題。

先頭の車が止まらずに動き続けているとして、すべての車が時速3.6kmで動いているときの先頭と最後尾の車間距離は、

(10m − 3m) ×49＝343m

343mだけ長くなる。

したがって、先頭がこの距離を進んだときに、最後尾が動き出すことになる。

時速3.6km（秒速1m）だから、動き出すまでの時間は、

343m ÷ 1m＝343秒＝5分43秒

5分43秒後である。

【正解】 5分43秒後

問題 37 周期算

ダチョウ倶楽部の3人が体を鍛えるため、ある月の月曜日からスポーツジムに通った。

そのあと、ヒゴは1日おきに、ウエシマは2日おきに、ジモンが3日おきに行ったとする。

ウエシマが20回目にジムに行くのは、何週目の何曜日？

A 37

解き方 月曜日を1日目とすると、ウエシマは3日に一度ジムに行く。

したがって、20回目の前の日までの日数は、

3 ×（20 − 1）＝ 57日

57日となる。

このことから、20回目は、その翌日で58日目。

58日は8週間と2日だから、9週目の火曜日となる。

【正解】 9週目の火曜日

問題 38 [問題37]の続き問題……周期算

では、ヒゴ、ウエシマ、ジモンの3人が次にジムで顔を合わすのは、
通い始めてから何日目だろう？

A 38

解き方 3人がジムに通う日を表にすると、次のようになる。

日	1	2	3	4	5	6	7	8	9	10	11	12	13	…
ヒゴ	○		○		○		○		○		○		○	…
ウエシマ	○			○			○			○			○	…
ジモン	○				○				○				○	…

図から、ヒゴは2の倍数の翌日、ウエシマは3の倍数の翌日、ジモンは4の倍数の翌日にジムに行くことがわかる。

3人が次にジムで顔を合わすのは、2、3、4の最小公倍数の翌日ということになる。

2、3、4の最小公倍数は12

よって、3人が次に一緒になるのは13日目である。

【正解】**13日目**

問題 39 年齢算

卓球界のアイドル、愛ちゃんは今年16歳。その愛ちゃんがお父さんに「何歳になったら結婚してもいい？」と聞いた。

すると、お父さんは、「パパの歳が、愛の3倍になったら、結婚してもいい」と答えた。

お父さんは今年56歳として、愛ちゃんが結婚できるのは何年後？

A 39

解き方 親子の年齢差 (56−16=40) は、何年たっても変わらない。

？年後にお父さんが、愛ちゃんの年齢の3倍になるとしたときの関係は図の通り。

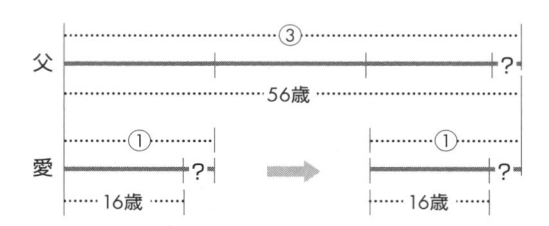

```
           ③
父 ├─────┼─────┼─────┤?
   ├──────── 56歳 ────────┤
         ①
愛       ├──┤?          ①
   ├─ 16歳 ─┤    →    ├──┤?
                 ├─ 16歳 ─┤
```

年齢差40が、③−①、つまり愛ちゃんの2倍にあたるから、①は、

40÷2=20

そして、結婚できるのは、

20−16=4

4年後ということになる。

【正解】 4年後

問題 40 のべ算

会社のテニス同好会10人が軽井沢のホテルに泊まり、テニスコートを借りて、練習をすることにした。

テニスコート1面を2人で使うとき、1面を3時間借りると、1人何分ずつ練習できるか？

A 40

解き方 コートの1面を同時に2人使うから、のべ、

2人×3時間＝6時間

6時間、つまり（6×60分）＝360分

360分使うことができる。

したがって、1人あたり、

360分÷10人＝36分

36分使うことができる。

【正解】36分

問題 41 [問題40]の続き問題……のべ算

同好会のメンバーが1人1時間練習するために、もう1面を使うとしたら、あと何時間借りればいいだろう？

A 41

解き方 1人1時間練習するわけだから、コートの
のべ使用時間は、

1時間×10人＝10時間

10時間で、コートは同時に2人使うから、
コートを借りる時間は、

10時間÷2＝5時間

5時間必要だから、

5時間―3時間＝2時間

あと2時間借りればよい。

【正解】 2時間

問題 42 [問題41]の続き問題……のべ算

同好会は結局、コート1面しか借りることができなかった。

そこで3時間のうち、何時間かを4人で使うことにした。

1人1時間練習するには、4人で使う時間をどれだけにすればいいか？

A 42

解き方 のべ算に、つるかめ算も必要とする問題。

3時間（180分）のうち、何分かを2人で使い、あとの何分かを4人で使う。

このとき、のべ時間を、

60分×10人＝600分

600分にしたいということになる。

つるかめ算で計算する。

180分を全部2人だけで使うとすると、のべ時間は、

180分×2＝360分

360分となり、

600分—360分＝240分

240分足りない。

4人で使う時間を1分増やし、2人で使う時間を1分減らすと、のべ時間は、

4－2＝2分

2分増えるから、4人で使う時間は、

240分÷2分＝120分

120分にすればよい。つまり2時間。

【正解】2時間

問題 43 つるかめ算

寅さんが商売している夜店で、タコ社長が、350円の焼きそばと300円のたこ焼きを合わせて13個買った。

ところが、あわて者の社長は数を逆に買ってしまったので、150円高くなってしまった。

間違えないで買えば、金額はいくらだった？

A 43

解き方 焼きそばを1個多く、たこ焼きを1個少なく買うと、

(350円―300円) =50円高くなる。したがって、

150円÷50円= 3 個

3個焼きそばを多くかったことになる。

本来はたこ焼きのほうを3個多く買うつもりだったから、たこ焼きの数は、

(13個+ 3 個) ÷ 2 =8個

焼きそばの数は、

13個― 8 個= 5 個

よって、たこ焼きと焼きそばの金額の合計は、

(300円× 8 個) + (350円× 5 個) =4150円

【正解】4150円

問題 44 和差算

サザエさんは大奮発して、高級ブティックでシャネルのブラジャー、ショーツ、キャミソールの3点下着セットを買うことにした。すると、3点セットだと、定価の30%OFFになるという。

ちなみに下着の定価は、ブラジャーとショーツを合わせると30000円、ブラジャーとキャミソールは36000円、ショーツとキャミソールは34000円だった。

サザエさんはいくら払ったか？

A 44

解き方 3点の下着の関係を計算式にすると、次のようになる。

　　ブ＋シ　　＝30000円
　　ブ　　＋キ＝36000円
　　シ＋キ＝34000円
　　―――――――――――
　　2×（ブ＋シ＋キ）＝100000円
　　ブ＋シ＋キ　　＝50000円

3点の定価は50000円である。

これを30％ＯＦＦにしてもらったのだから、

50000円－50000円×0.3＝35000円

35000円になる。

【正解】 **35000円**

問題 45 つるかめ算

タニくんとヤワラちゃんが劇場へミュージカルを観に行った。

劇場の入場料は2人が座ったS席が8000円、A席が5000円、B席が3000円だった。その日の入場者は全部で2000人で、S席とA席の入場者の合計はB席の入場者より1400人多く、入場料の合計は1270万円だったという。

S席の入場者は何人だっただろう？

A 45

解き方 和差算を基本にして、つるかめ算で解く問題。

まず和差算で、S席とA席の入場者の合計を求める。

S席とA席の入場者の合計は、

（2000人＋1400人）÷2＝1700人

B席の入場者は、

2000人－1700人＝300人

よって、S席とA席の入場料の合計は、

12700000円－3000円×300人＝11800000円

次に、つるかめ算でS席とA席の入場料を求める。

もし、1700人全員がA席だったとすると、入場料は、

5000円×1700人＝8500000円

11800000円－8500000円＝3300000円

8500000円となり、実際より3300000円足りない。

A席の人数を1人減らし、S席を1人増やすと、入場料は、

8000円－5000円＝3000円

3000円増えるから、S席の入場者数は、

3300000円÷3000円＝1100人

【正解】1100人

問題 46 [問題45]の続き問題……和差算

休憩時間にヤワラちゃんは、1000円でポテトチップスとポップコーンとコーラを2つずつ合わせて6つ買おうとした。すると、予定の金額より160円オーバーするので、ポテトチップスを2つ買い、ポップコーンとコーラを1つずつにして170円のおつりをもらった。

ちなみにポテトチップス1つの代金は、ポップコーン1つより70円高かった。

コーラの代金はいくらだった？

A 46

解き方 この問題は、和差算で解く。

それぞれ2つずつ買うと160円オーバーするから、その代金は、

1000円+160円=1160円

1つずつなら、

1160÷2=580円

580円となる。

ポテトチップス2つとポップコーンとコーラ1つずつで、

1000円-170円=830円

830円だから、ポテトチップス1つは、

830円-580円=250円

そしてポップコーン1つは、

250円-70円=180円

よって、コーラ1つは、

580円-250円-180円=150円

【正解】150円

問題 47 相当算

今岡、赤星、金本の3人がもらったファンレターを数えた。

すると、金本の数に18通足すと今岡の数の $\frac{3}{4}$ になり、今岡の数が24通少なければ赤星の2倍になった。また、赤星は金本より64通少なかった。

さて、3人のそれぞれもらったファンレターの数は何通か？

A 47

解き方 今岡の数を4として、1に相当する数量を求めていくと考えやすい。

まず、最初の条件から、金本の数は3－18通となる。

また、2つめの条件から赤星の数は、4－24通の半分だから、2－12通となる。

そこで、3つめの条件から、赤星（2－12通）に64通足した、

（2－12通）＋64通＝2＋52通

2＋52通が、金本（3－18通）に等しくなる。よって、

52通＋18通（70通）＝3－2

70通が1にあたる。

今岡の数は1の4倍だから、

70通×4＝280通

金本の数は、

280通×$\frac{3}{4}$－18通＝192通

赤星の数は、

192通－64通＝128通

【正解】今岡280通　金本192通　赤星128通

問題 48 旅人算

えなり君は、朝寝坊して通学バスに乗り遅れてしまった。そこで、自転車でバスを追いかけることにした。

時速40kmで追いかけると、1時間でバスに追いつき、時速50kmで追いかけると、30分で追いつく。

では、時速60kmで追いかけると、何分で追いつく?

A 48

解き方 時速40kmでバスに追いつくまでに1時間かかるから、

時速40km×1時間＝40km

40km進み、時速50kmでは、

時速50km×30分（$\frac{1}{2}$時間）＝25km

25km進む。

バスは、この差（40km－25km）＝15kmを30分で進んでいると考えられることから、バスの速さは、

15km÷$\frac{1}{2}$時間＝時速30km

時速30km。また、自転車でバスを追いかけ始めたとき、バスは、

（40－30）km×1時間＝10km

10km前にいたと考えられるから、時速60kmで追いかけると、

10km÷（60－30）km＝$\frac{1}{3}$時間＝20分

20分で追いつくことになる。

【正解】**20分**

問題 49 ニュートン算

釣りバカのハマちゃんが、新式の釣り道具を買うために、スーさんに内緒でコンビニのアルバイトをすることにした。

交通費と食費で1日に使うお金を1000円として、時給800円で毎日5時間働くと、6万円たまるのは何日後か？

A 49

解き方 1日のバイト料は、

800円×5時間＝4000円

4000円になる。

また、1日の出費が1000円だから、1日にたまる金額は、

4000円−1000円＝3000円

3000円たまるから、6万円たまるのは、

60000円÷3000円＝20日

【正解】20日後

問題 50 [問題49]の続き問題……ニュートン算

もし、その半分の日数で6万円をためるには、ハマちゃんは1日、何時間働かなければならない?

A 50

解き方 20日の半分は10日だから、1日に、

60000÷10日＝6000円

6000円ずつためなければならない。

そのためには、1日の出費1000円を加えて、

6000円＋1000円＝7000円

7000円分働かなければならない。

よって、1日に働く時間は、

7000円÷800円＝8.75時間＝8時間45分

【正解】 8時間45分

問題 51 [問題50]の続き問題……ニュートン算

ハマちゃんの釣り仲間がリストラで失業し、とりあえずアルバイトで、ある金額まで稼ぐことにした。

やはり、1日いくらかずつ使うとして、毎日6時間働けば30日で稼げ、8時間なら20日で稼げる。

では、15日で稼ぐには、1日何時間働けばいいか？

A 51

解き方 ニュートン算の複雑問題。

バイトの時給を仮に100円として考える。

すると、毎日6時間、30日働いて、バイト料は、

100円×6時間×30日＝18000円

毎日8時間、20日働いて、バイト料は、

100円×8時間×20日＝16000円

この両者の差（18000－16000）＝2000円が、

30日－20日＝10日

10日間の出費になるから、1日の出費は、

2000円÷10日＝200円

目標とする金額は、30日にあてはめると、

18000円－200円×30日＝12000円

これを15日で稼ぐには、1日に、

12000円÷15日＝800円

800円ずつ稼がなければいけないから、1日の出費、

200円＋800円＝1000円

1000円分を1日で働く必要がある。よって、

1000円÷100円＝10時間

1日に働く時間は10時間。

【正解】10時間

問題 52 つるかめ算

F1レースは1年間に16レースあり、各レースの1位、2位、3位にそれぞれ10点、6点、4点の得点が与えられる。リタイアしたときは0点である。

そこで、シューマッハ、モントーヤ、バリチェロの3選手の1年の成績を調べてみた。

シューマッハの成績はリタイア5回で、その他はいずれも1位か2位、合計得点が90点だった。

さて、シューマッハの1位は何回だったか？

Ⓐ 52

解き方 シューマッハのリタイアが5回だから、得点したのは11回。

すべて2位だったとすると、

6点×11回＝66点

1位を1回増やすごとに、

10点－6点＝4点

4点ずつ増えるから、

1位の回数は、

（90点―66点）÷4点＝6回

【正解】 6回

問題 53 [問題52]の続き問題……つるかめ算

モントーヤはリタイアが6回で、その他はいずれも1位か2位か3位で、3位は2位の3倍の回数があり、合計得点が56点だった。

1位は何回あった？

A 53

解き方 リタイアが6回だから、得点したのは10回。

全部1位だったとすると、得点は、

10点×10回＝100点

3位は2位の3倍の回数があるので、2位を1回増やすと、3位は3回増え、1位は4回減ることになるから、得点は、

10点×4回－（6点×1回＋4点×3回）＝40点－18点＝22点

22点減る。

よって、2位の回数は、

（100点－56点）÷22点＝2回

3位は2位の3倍だから6回。

1位は、

10回－6回－2回＝2回

1位	10	6	………	
2位	0	1	………	
3位	0	3	………	
得点	100	78	………	56

　　　　　　　22

【正解】 2回

問題54 [問題53]の続き問題……つるかめ算

バリチェロはリタイアが4回で、その他はいずれも1位か2位か3位。

2位は1位より2回多く合計得点は76点だった。

さて、1位、2位、3位は、それぞれ何回だっただろう？

A 54

解き方 つるかめ算の発展問題。

バリチェロが得点したのは12回。

問題文から、2位が最低2回はあるから、この得点を引いて考える。

すると、10回のレースで、

(76点－6点×2回) ＝64点

64点を得点し、1位と2位の回数は同じということになる。

すべて3位だったとすると、得点は、

4点×10回＝40点

1位と2位を1回ずつ増やすと3位は2回減り、得点は、

(10点＋6点) －(4点×2回) ＝8点

8点ずつ増えるから、1位と2位の回数は、

(64点－40点) ÷8点＝3回

3回である。

ただし、これは10回のレースの成績で、最初に2位の2回を引いているから、

実際は2位は5回となる。

よって、1位は3回、2位は5回、3位は、

12回－3回－5回＝4回

4回ということになる。

【正解】 1位が3回　2位が5回　3位が4回

問題 55 過不足算

TV局が募集した番組観覧者をいくつかのスタジオに配置した。

1つのスタジオにつき4人ずつ配置したら25人余った。そこで、6人ずつにしたところ、それでも3人余った。

募集した観覧者は何人か?

A 55

解き方 4人と6人の配置の余りの差が、1つのスタジオにつき2人増やした分の合計になると考える。

2つのスタジオへの配置の余りの差は、

25人－3人＝22人

この22人が、(6－4)＝2つのスタジオ分になるので、

スタジオの数は、

(25人－3人)÷2＝11

4人ずつ配置して25人余ったのだから、

4人×11＋25人＝69人

観覧者の数は69人

【正解】69人

問題 56 通過算

18頭の競走馬が、2mおきに離れて毎分50mの速さで、馬道からターフに向かっている。馬道の距離は111mある。

馬道を通り切るのに、先頭が通り初めてから最後の馬が通り切るまでに何分かかるか？

ただし、馬の身長は一様に2.5mとする。

A 56

解き方 18頭の馬の長さは、

18×2.5m＝45m

2mおきに離れて歩いているから、

馬と馬との距離は、

18－1＝17

17×2m＝34m

先頭から最後尾までの馬の長さは

45m＋34m＝79m

つまり、長さ79mの物体が111mの道を毎分50mで通過すると考えればよい。

（79m＋111m）÷50分＝190m÷50分＝3.8分＝3分48秒

全頭の馬が渡り切るのに3分48秒かかる。

【正解】 3分48秒

問題 57 還元算

ある実業家の残した遺産を、家族で分けることになった。

遺産の半分を妻がもらい、その残りの $\frac{1}{6}$ ずつを4人の娘に与え、残りを1人息子に与えた。息子がもらった金額は4500万円だった。

相続した遺産の総額はいくらだったか？

A 57

解き方 遺産の総額を1として計算する。

妻の金額は $\frac{1}{2}$ である。

娘1人分の金額は、残りの $\frac{1}{6}$ だから、

$$\frac{1}{2} \times \frac{1}{6} = \frac{1}{12}$$

したがって、娘4人の金額は、

$$4 \times \frac{1}{12} = \frac{1}{3}$$

$\frac{1}{3}$ となる。

妻と娘4人の金額は、全体の、

$$\frac{1}{2} + \frac{1}{3} = \frac{5}{6}$$

息子の金額は、その残りだから、

$$1 - \frac{5}{6} = \frac{1}{6}$$

この $\frac{1}{6}$ が4500万円に相当するから、

4500万円×6＝2億7000万円

遺産の総額は2億7000万円。

【正解】 2億7000万円

問題 58 相当算

お見合いパーティで、花組と星組に分けられた2つのグループの女性軍に、司会者が「どちらの組に好みの女性が多くいるか」と相手の男性軍に聞いた。

その結果、花組が多かった男性は全体の $\frac{2}{3}$、星組が多かった男性は全体の $\frac{1}{2}$ だった。

また、「両組に好みの女性がいる」と答えた男性は全体の $\frac{1}{3}$ で、「両組ともに好みの女性はいない」と答えた男性は2人だった。

さて、「両組に好みの女性がいる」と答えたのは何人か?

A 58

解き方 相当算の発展問題。

問題条件を図にすると、次のようになる。

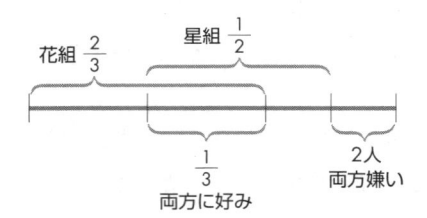

```
花組 2/3    星組 1/2
├──────┬──────────┤
        ├──────┤  ├──┤
         1/3      2人
        両方に好み  両方嫌い
```

花組、星組の少なくともどちらかに好みの女性がいる男性の割合は、

$$\frac{2}{3}+\frac{1}{2}-\frac{1}{3}=\frac{5}{6}$$

全体の $\frac{5}{6}$ である。

よって、両組にも好みの女性がいない男性の割合は、

$$1-\frac{5}{6}=\frac{1}{6}$$

この $\frac{1}{6}$ が2人だから、男性の数は、

$$2人\div\frac{1}{6}=12人$$

両組に好みの女性がいるのは、その $\frac{1}{3}$ だから、

$$12人\times\frac{1}{3}=4人$$

【正解】 4人

問題 59 [問題58]の続き問題……分配算

さて、いよいよカップルが決まるプロポーズタイム。

男性軍のプロポーズに対して「NO」と答えた女性は、プロポーズされなかった女性より1人少なく、「OK」した女性より1人多かった。

カップルは何組誕生したか？

ただし、女性軍の数は男性軍と同じとする。

A 59

解き方 この問題も図にして考えてみよう。

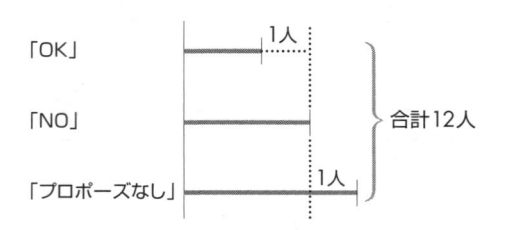

```
「OK」        |―――――――|1人
                      :
「NO」        |―――――――――|    合計12人
                      :
「プロポーズなし」|―――――――――|1人
```

「OK」した女性を1人増やし、「プロポーズなし」の女性を1人減らして、「NO」と答えた女性の数に合わせる。

すると、その合計は、

12人＋1人－1人＝12人

12人と変わらない。この数が「NO」と答えた女性の3倍になる。

よって「OK」した女性の数は、

12人÷3－1人＝3人

3人で、カップルは3組

【正解】 3組

問題 60 のべ算

サザンの桑田くんたち6人が、公演ツアーで3時間かかるローカル列車に乗ることになった。

初めは空席が4つしかなく、全体の $\frac{1}{3}$ のところまで来たとき、もう1つ空席ができ、ちょうど半分まで来たときに、さらに空席ができた。

出発から到着までに6人が平等に席に座ると、1人、何時間座れる？

A 60

解き方　3時間の$\frac{1}{3}$である最初の1時間は、6人のうち2人は立っていなければならない。

全員が座っていたのは、3時間の半分の1時間30分だから、1人だけ立っていたのは、

3時間－1時間－1時間3分＝30分

立っている時間ののべ時間は、

1時間×2人＋30分×1人＝150分

6人で平等に立つとすれば、1人あたり、

150分÷6人＝25分

25分たっていることになるから、座れる時間は、

3時間－25分＝2時間35分

【正解】　2時間35分

問題 61 相当算

徳光、みの、紳助の3人が、誰が一番お金を持っているか、財布の中身くらべをした。

3人の合計金額は12万7000円で、徳光が所持金の3割をみのにあげると、みのの所持金は5万7000円になる。

また、紳助が所持金の4割をみのにあげると、みのの所持金は5万6000円になるという。

さて、一番お金を持っていたのは誰で、いくら持っていた?

A 61

解き方 みのの所持金を1として考えるとわかりやすい。

みのの所持金を1とすると、57000円－1が徳光の所持金の $\frac{3}{10}$ になる。よって、徳光の所持金は

$(57000-1) \times \frac{10}{3} = 57000 \times \frac{10}{3} - 1 \times \frac{10}{3} = 19000 - \frac{10}{3}$

と表わせる。

同様に、紳助の所持金は、

$(56000-1) \times \frac{10}{4} = 56000 \times \frac{10}{4} - 1 \times \frac{10}{4} = 14000 - \frac{5}{2}$

そして、3人の所持金の合計は、

$(19000 - \frac{10}{3}) + (14000 - \frac{5}{2}) + 1 = 33000 - \frac{29}{6}$

と表わすことができ、これが、127000円に等しくなる。

$33000 - \frac{29}{6} = 127000$

$\frac{29}{6} = 33000 - 127000 = 203000$

よって、みのの所持金1は、

$203000 \div \frac{29}{6} = 42000$ 円

徳光は、

$(57000 - 42000) \times \frac{10}{3} = 50000$ 円

紳助は、

$127000 - 42000 - 5000 = 35000$ 円

よって、徳光の50000円が一番多い。

【正解】徳光で5万円

問題 62 周期算

四字熟語に「日進月歩」という言葉がある。それを次のように繰り返し並べていく。

日進月歩日進月歩日進月歩……

このように150番目の漢字を数え終えたとき、最初からの漢字の画数は合計いくつか？

A 62

解き方 漢字の基本知識をからめた問題。

1回の繰り返しに「日進月歩」という4つの漢字がある。

したがって、

150÷4＝37……余り2

37回の繰り返しと、2つの漢字（日、進）で150文字となり、余りは（日）と（進）である。

1回の漢字の画数は、

4（日）＋11（進）＋4（月）＋歩（8）＝27画

よって、150文字数の総画数は、

37回×27画＋4画＋11画＝1014画

【正解】1014画

問題 63 旅人算

太田と田中の2人が事務所を出て、一緒に200m歩いたとき、太田が忘れ物に気づいて途中で引き返し、事務所から忘れ物をとって、すぐに田中を追いかけた。

引き返した時点から太田は分速100mで歩き、田中は分速80mでそのまま先へ歩いた。

太田は引き返したときから何分で田中に追いつく?

A 63

解き方 太田、田中の位置を、引き返しの地点からみると、

太田は田中に、

200m×2＝400m

400m遅れて歩いている。

したがって、田中が止まった状態でいると考えると、

100m−80m＝20m

太田は毎分20mで田中に近づくことになる。

よって、その追いつく時間は、

（200m×2）÷（100m−80m）＝400m÷20m＝20分

太田は20分で田中に追いつく。

【正解】 20分

問題 64　周期算

　ヘビースモーカーの市川監督は、何とか1本でも多くタバコを吸いたいと、タバコ4本分の吸いがらから1本のタバコをつくって吸うことを思いついた。

　1箱20本のタバコから、合計何本のタバコを吸うことができるだろうか？

A 64

解き方 周期算の変型問題。

条件をよく理解することが、解答につながる。

まず20本全部吸うと、20本の吸いがらができる。

ここから、

20本÷4本＝5本

5本のタバコができ、これを吸って5本分の吸いがらになる。

さらに、ここから、

5本÷4本＝1本　余り1

1本と余り1となる。

これにより、1本のタバコができ、これを吸えば吸いがらだけが2本残ることになる。

よって、吸える本数は、

20本＋5本＋1本＝26本

【正解】**26本**

問題 65 [問題64]の続き問題……周期算

では、5箱のタバコでは何本吸えるだろうか？

A 65

解き方 最初の1本を吸うと、吸いがらが1本分残る。

そのあと、新しいタバコを3本吸うと、吸いがらが4本分になり、そこから1本タバコができる。

そして、それを吸うことにより、再び1本分の吸いがらが残る。

以下、これの繰り返しと考えると、2本目以降の新しいタバコは、3本1組が4本分に相当することになる。

よって、5箱100本のタバコで吸えるのは、最初の1本を除くと、

(100－1)本÷3本＝33組

これにより、最初の1本のあと、4本分に相当する3本1組を33組吸えるから、

合計は、

1本＋4本×33組＝133本

133本吸える。

【正解】**133本**

問題 66 ニュートン算

マラソンのQちゃんは、最近太り気味なので監督に減量を命じられ、ヨガ体操によるダイエット計画を立てた。

Qちゃんの目標体重は45kg。この目標を達成するには、1日30分の体操なら120日かかり、1日1時間なら40日ですむ。

1時間の体操で0.4kgやせられるとすると、体操期間中、Qちゃんは1日に何kg太っていた?

A 66

解き方 ニュートン算の発展問題。

1日30分、120日間の体操で減る体重は、

0.4kg×（30分＝$\frac{1}{2}$ 時間）×120日＝24kg

24kgである。

1日1時間、40日間の体操で減る体重は、

0.4kg×1時間×40日＝16kg

16kgである。

この両者の差が、

120日－40日＝80日

80日間で、Qちゃんの太る体重分になる。

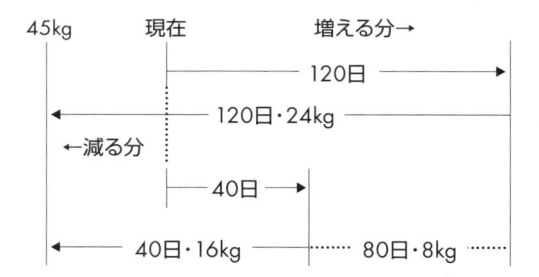

```
45kg      現在              増える分→
 |         |                     
 |         |─────── 120日 ──────→
 |         |                     
 |←─────── 120日・24kg ──────────
 |←減る分  |                     
 |         |── 40日 ──→          
 |         |                     
 |←── 40日・16kg ──|·····80日・8kg·····
```

よって、1日に太る体重は、

(24kg－16kg)÷80日＝0.1kg

【正解】 0.1kg

問題 67 [問題66]の続き問題……ニュートン算

では、Qちゃんの現在の体重は何kgあるだろう？

また、1日45分の体操なら、何日で目標を達成できる？

A 67

解き方 1日に0.1kg太るから、120日で増える体重は、

0.1kg×120日＝12kg

12kgだから、現在の体重は目標体重より、

24kg－12kg＝12kg

12kgオーバーしていることになる。

したがって、現在の体重は、

45kg＋12kg＝57kg

57kgである。

また、1日1時間で0.4kg減るのだから、1日45分ならば、

$0.4\text{kg} \times \dfrac{45}{60} = 0.3\text{kg}$

0.3kg減る。

しかし一方で、1日0.1kg増えるわけだから、

実際に1日で減る体重は、

0.3kg－0.1kg＝0.2kg

0.2kgだから、体重オーバー分を減量分で割ると、目標体重になるまでの日数は、

12kg÷0.2kg＝60日

60日である。

【正解】 57kg　60日

問題 68 つるかめ算

明智、金田一、浅見の名探偵3人が、ひょんなことからそば屋で食べくらべ競争をすることになった。

3人ともすごく腹ぺこだったらしく、食うわ食うわで、周りの客もびっくり。

3人で、ざるそばの並と大盛りを合わせて42枚食べた。並500円、大盛りが600円で合計の金額は1万8300円だった。

さて、3人で並と大盛りを何枚ずつ食べた？

A 68

解き方 42枚全部が並だったとすると、金額は、

400円×42枚＝16800円

16800円になり、実際の金額より、

18300円－16800円＝1500円

1500円少ない。

並を1枚大盛りに替えると、金額は、

600円－500円＝100円

100円多くなるから、実際に食べた大盛りの枚数は、

1500÷100円＝15枚

並は、

42枚－15枚＝27枚

【正解】並27枚　大盛り15枚

問題 69 つるかめ算

このとき、明智の食べた並の数は、浅見より1枚多く、金田一より4枚少なかった。

3人はそれぞれ並を何枚ずつ食べただろう？

A 69

解き方 3人の関係を線分図に表わすと、次のようになる。

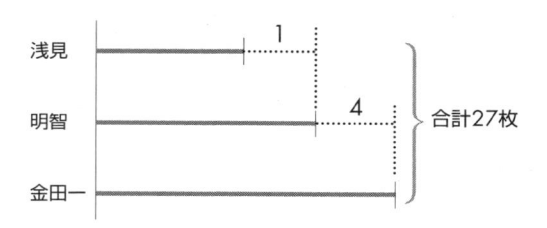

```
浅見  ├──────────────┤ 1
明智  ├──────────────────┤ 4     合計27枚
金田一├────────────────────┤
```

明智の数を1枚減らし、金田一の数を5枚減らすと、

3人の食べた枚数は等しくなる。

このときの合計枚数は、

27枚－1枚－5枚＝21枚

この21枚が浅見の枚数の3倍にあたるから、浅見の食べた枚数は、

21枚÷3＝7枚

そして、明智の枚数は、

7枚＋1枚＝8枚

金田一の枚数は、

8枚＋4枚＝12枚

【正解】浅見7枚　明智8枚　金田一12枚

問題 70 [問題69]の続き問題……倍数算

そのあと、3人は酒も注文して飲み、店の勘定は、明智がざるそば代を、一番酒を飲んだ浅見が酒代を持つことになった。酒は最高級の地酒だったので酒代はつまみ代も入れて、しめて4万5000円だった。

明智が1万8300円を払い、浅見が4万5000円を払おうとしたが所持金では足りなくて、金田一から渡された5000円を加えて支払った。

すると最初、明智の2倍あった浅見の所持金は、明智の3分の1になってしまった。

最初、浅見はいくら持っていたか？

A 70

解き方 高水準の倍数算問題。

浅見の最後の所持金を1として考える。

すると、浅見の最初の所持金は、

1－5000円＋45000円＝1＋40000円

また、明智の最後の所持金は1×3＝3で、最初の所持金は3＋18300円となる。

最初、浅見は明智の2倍だったから、

（3＋18300円）×2＝6＋36600円

6＋36600円が、1＋40000円と等しいということになる。

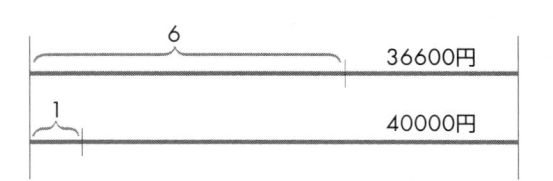

| 6 | 36600円 |
| 1 | 40000円 |

40000円－36600円＝3400円

6－1＝5

3400円が5にあたるから、1は、

3400円÷5＝680円

680円となる。

したがって、浅見の最初の所持金は、

680円＋40000円＝40680円

【正解】 4万680円

赤尾芳男 あかお・よしお

1963年新潟県生まれ。国立新潟大学理学部卒業。卒業後、新潟県内の公立中学で数学教師として勤務。6年間教鞭をとったのち上京。早稲田アカデミーなどの進学塾講師を経て、現在大手予備校の算数・数学講師。特殊算の文章問題を得意とし、「算数・数学を考える面白さ、それを解く楽しさ」をモットーに中学高校受験の算数・数学指導を行っている。

リュウ・ブックス
アステ新書

大人の算数トレーニング

2004年10月22日　初版第1刷発行

著者　　赤尾芳男
発行者　渡部　周
発行所　株式会社経済界
　　　　〒105-0001 東京都港区虎ノ門2-6-4
　　　　出版部☎03-3503-1213
　　　　販売部☎03-3503-1212
　　　　振替00130-8-160266
　　　　http://www.keizaikai.co.jp/

装幀　　岡孝治
表紙装画　門坂流

印刷　　中央精版印刷（株）

ISBN4-7667-1015-0
©Yoshio Akao 2004 Printed in japan

リュウ・ブックス　アステ新書　好評の既刊

「荀子」人生で学ぶべきこと
我が心の師

竹村健一

使える71フレーズ
とっさの英会話
いつでも、どこでも、これだけで通じる

トミー植松

中国賢人の教え
混沌の世を生き抜く知略

鍾　清漢

ブランド・マネージャー
たった一人のBMで会社はよみがえる

水野与志朗

地名の秘密
秘められた歴史の謎に迫る

古川愛哲

禁断の古史古伝
九鬼文書の謎
失われた古代史の記憶

佐治芳彦

リュウ・ブックス　アステ新書　好評の既刊

たった一言で相手の心が読める
言い訳の深層心理

渋谷昌三

なぜ英語だとこう言うの?
読んで身につく英語ネタ

トミー植松

ニューヨーカーの英会話
ネイティブの日常表現が身につく

望月丈二

「江戸・東京」地名を歩く
地名から探る江戸の素顔

古川愛哲

疲れ・ストレスから解放されるための
眠る技術

佐々木三男

使わなくなった日本語
【時代劇篇】

平戸大学・編

リュウ・ブックス　アステ新書　好評の既刊

新版 取締役になれる人 部課長で終わる人

上之郷利昭——著

人の使い方が上手い人 下手な人

部下の能力を引き出す62の法則

上之郷利昭——著

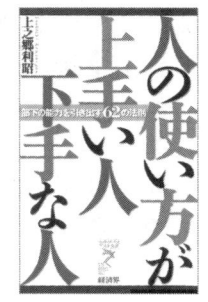